D1943111

Peter Borneleit
Peter Kirsche
Reinhard Strehl
(Hrsg.)

slm

studium und lehre
mathematik

Michael Neubrand
Manfred Möller

Einführung in die elementare Arithmetik

Ein Arbeitsbuch für Studierende des Lehramts

div verlag
franzbecker

Die Deutsche Bibliothek - CIP-Einheitsaufnahme

Neubrand, Michael:
Einführung in die Arithmetik : ein Arbeitsbuch für Studierende des Lehramts der Primarstufe / Michael Neubrand ; Manfred Möller. - Bad Salzdetfurth : Franzbecker, 1990
ISBN 3-88120-193-9
NE: Möller, Manfred:

Vorwort

Dieses Buch ist ursprünglich hervorgegangen aus Vorlesungen und Übungen, die wir für Studentinnen und Studenten im ersten Semester des Studiengangs „Lehramt der Primarstufe" in Dortmund durchgeführt haben. In Nordrhein-Westfalen, und in einigen anderen Ländern auch, sind alle Studierenden in diesem Studiengang verpflichtet, Mathematik (und Deutsch) in gewissem Umfang zu belegen. Das Gebiet „Einführung in die Arithmetik" gehört dabei zum Pflichtpensum.

Wir sahen uns also nicht nur mit der Tatsache konfrontiert, dass für die meisten Zuhörerinnen und Zuhörer diese Vorlesung der erste Kontakt mit Mathematik an der Hochschule war, sondern auch damit, dass viele Studentinnen und Studenten - wohl aufgrund vielfältiger negativer Erfahrungen mit dem mathematischen Schulunterricht - niemals eine Mathematikvorlesung freiwillig besuchen würden. Andererseits glauben wir aber, dass eine Studienordnung, die Mathematik für angehende Grundschullehrerinnen und -lehrer pflichtgemäß verlangt, durchaus sinnvoll ist. Im späteren Beruf wird ja mit hoher Wahrscheinlichkeit das Unterrichten in Mathematik einfach dazugehören, und zwar Unterrichten in einer sehr sensiblen Phase schulischen Lernens, nämlich in den ersten vier Schuljahren, in denen nicht nur viele grundlegende Erfahrungen zum Bereich Zahlen und Rechnen gemacht werden, sondern auch die Einstellung zum Fach Mathematik sich entwickelt.

Wie kann man sich also in dieser Situation den Hörerinnen und Hörern einer Vorlesung, den Leserinnen und Lesern des Buches gegenüber verhalten?

Die Aufgabe besteht unserer Meinung nach nicht darin, nun - wo es ja zunächst nicht um didaktische, sondern um grundlegende mathematische Themenkreise geht (neben der Arithmetik sollte mit ähnlichen Absichten auch die Geometrie behandelt werden) - einfach einen ausgeklügelten, „didaktisch aufbereiteten" (wie man so sagt) mathematischen Apparat vorzuführen. Vielmehr dürfte es, gerade im Blick auf das Ziel des kommenden Unterrichts in der Primarstufe, von entscheidender Bedeutung sein, ein facettenreiches, lebendiges, auf Probleme und Einbettungen vielfältiger Art bezogenes, offenes Bild mathematischen Arbeitens zu zeigen. Je reichhaltiger die Kenntnis verschiedenster Probleme und Zusammenhänge im Bereich der Zahlen ist, desto eher ist auch ein lebendiger, Freude an mathematischer Tätigkeit fördernder Unterricht möglich.

Daher versuchen wir, die folgenden Themenkreise von verschiedenen Seiten anzugehen und auf verschiedenen Ebenen zu behandeln:

- Verwendung von Zahlen in verschiedenen Situationen und zu verschiedenen Zwecken, auch einige Bemerkungen zur historischen Entwicklung des Zahlbegriffs,
- mathematische Darstellung von Zahlen, ihre Schreibweisen und die Rechenoperationen, die damit durchgeführt werden,
- Kennenlernen von Strukturen, d.h. Regelmäßigkeiten, Ordnungen, internen Beziehungen, Zusammenhängen innerhalb des Bereichs der Zahlen.

„Zahlen" sind dabei im wesentlichen die ganzen Zahlen ..., -3, -2, -1, 0, 1, 2, 3,... an einigen Stellen treten auch rationale Zahlen als Brüche oder als Dezimalbrüche auf; auf die grundsätzliche Verschiedenartigkeit der reellen Zahlen wird hingewiesen.

Den Text dieses Buches - sowohl was den Vorlesungsteil als auch was die Übungsteile betrifft - wollten wir so offen wie möglich für die weitere Beschäftigung der Leserinnen und Leser gestalten. Wir verzichten auf ausgefeilte formalistische Darstellungen zugunsten von ausführlichen Beschreibungen und Hinweisen zum Weiterdenken und geben gelegentlich Einbindungen und Ausblicke in größere Zusammenhänge an. So sind insbesondere auch die Kommentare zu den Übungsaufgaben zu verstehen; es sind meist nicht komplette Lösungen, sondern Hinweise zu den Ansätzen, zu Varianten, verwandten Aufgaben usw.. Wie mit dem Text, so sollte daher auch mit den Übungen verfahren werden: Lesen - Nachdenken - - die Aufgaben lösen - weitere Fragen stellen - sich anregen lassen. Wir haben daher bewusst den Untertitel „Arbeitsbuch" gewählt.

An einigen Stellen im Text werden Lesehinweise gegeben, die am Schluss des Buches noch einmal in einem Literaturverzeichnis zusammengefasst werden. Sie dienen dem Zweck, interessierten Leserinnen und Lesern wenigstens einen ersten Zugang zu weiteren Informationen zu eröffnen. Mit der gleichen Absicht sind auch einige Abschnitte mit den Symbolen -R- und -M- gekennzeichnet. Diese bedeuten:

-R- : Der Abschnitt dient der „Reflexion" - Hier werden einige Fragen und Probleme aufgeworfen, die über den Stoff i.e.S. oft weit hinausweisen. Oft sind es Fragen, die mit dem Verständnis von Mathematik zusammenhängen, manchmal auch Hinweise zur didaktischen Bedeutung einzelner Abschnitte.

-M- : Der Abschnitt ist ein „Mosaiksteinchen". Hier werden, meist etwas abseits der Linie der Vorlesung, interessante Ergebnisse, Beispiele, Kuriositäten ... vorgestellt, die ein allzu trockenes Beharren auf dem Stoff verhindern sollen.

Dieses Buch hat schließlich auch - obwohl nur noch einer der Autoren dort arbeitet - aus dem Kontext der Arbeiten am Institut für die Entwicklung und Erforschung des Mathematikunterrichts im Fachbereich Mathematik der Universität Dortmund profitiert. Manche der dargestellten Gedanken, insbesondere manche der Übungsaufgaben entstammen der seinerzeitigen und der aktuellen „mündlichen Tradition".

Die Verantwortung für den Text als ganzes haben wir beide: Michael Neubrand hat hauptsächlich den Vorlesungstext geschrieben, Übungen und Kommentare gehen vorwiegend auf Manfred Möller zurück.

Die jetzt vorliegende 3. Auflage ist eine überarbeitete, aktualisierte und durch mehrere neue Einschübe ergänzte Fassung der Ausgaben von 1990 bzw. 1992. Für Hinweise zur Überarbeitung danken wir auch den Herausgebern der Lehrbuchreihe dieses Verlages.

Flensburg und Dortmund, im Oktober 1999

Michael Neubrand
Institut für Mathematik und ihre Didaktik,
Bildungswissenschaftliche Hochschule Flensburg - Universität

Manfred Möller
Institut für die Erforschung und Entwicklung des Mathematikunterrichts
Universität Dortmund

INHALTSVERZEICHNIS

Vorwort **I**

1. Wozu verwendet man Zahlen? - Aspekte des Zahlbegriffs **1**

1.1 Zur Beschreibung der verschiedenen Zahlaspekte: Kardinalzahl-Ordinalzahl-Maßzahl-Rechenzahl-Codierung 1

1.2 Bedeutung arithmetischer Eigenschaften und Operationen in den verschiedenen Zahlaspekten 4

1.3 - R - Was soll eine "Theorie" der Zahlen überhaupt leisten? 6

1.4 - M - Das System der Nummerierung der Europastraßen 8

Aufgaben zu Kapitel 1 10

Kommentare zu den Aufgaben 11

2. Zählen - Eine Vielfalt von Strategien **13**

Aufgaben zu Kapitel 2 18

Kommentare zu den Aufgaben 21

3. Aus der Geschichte der Mathematik: Zwei wichtige Entwicklungsstadien im Umgang mit Zahlen **31**

3.1 Die Babylonier: Erstes Auftreten eines Positionssystems 31

3.2 Die Ägypter: Rechnen mit Stammbrüchen 35

3.3 - R - Kann man aus der Geschichte lernen? 39

Aufgaben zu Kapitel 3 40

Kommentare zu den Aufgaben 43

4. Zahlen und Muster **49**

4.1 Dreieckszahlen, Quadratzahlen, Sechseckzahlen,Kubikzahlen: Definitionen und einfache Eigenschaften 49

4.2 Beziehungen zwischen verschiedenen Mustern 52

4.3 - R - Beweisen durch "Hinschauen"? 56

Aufgaben zu Kapitel 4 59

Kommentare zu den Aufgaben 62

5. Die Rechengesetze der elementaren Arithmetik 71

5.1 Begründungen aus dem Abzählen von geometrischen Mustern 71

5.2 Ideen der Zahlbereichserweiterung: Permanenzprinzip und algebraisches Prinzip 75

5.3 Übersicht über die Zahlbereiche, die Idee der Zahlengeraden 77

5.4 Rationale Zahlen: Rechenregeln und Verwendungsbereiche 79

Aufgaben zu Kapitel 5 83

Kommentare zu den Aufgaben 86

6. Teilbarkeitslehre für ganze Zahlen 93

6.1 Division mit Rest in Z 93

6.2 Begriff und elementare Eigenschaften der Teilbarkeit 95

6.3 Der größte gemeinsame Teiler - Euklidischer Algorithmus 98

6.4 - M - Zur Geschichte des Euklidischen Algorithmus: Vom Verfahren der Wechselwegnahme zur Entdeckung irratio naler Größenverhältnisse in der griechischen Mathematik 102

6.5 Das kgV - Zusammenhang mit dem ggT 106

Aufgaben zu Kapitel 6 112

Kommentare zu den Aufgaben 117

7. Zerlegung von ganzen Zahlen in Primzahlen 125

7.1 Primzahlen: verschiedene Aspekte dieses zentralen Begriffs 125

7.2	- R - Die Bausteinidee in der Mathematik	132
7.3	Anzahl der Teiler einer Zahl	135
7.4	Teilerdiagramme	140
7.5	kgV- und ggT-Berechnung mittels der Primzahlzerlegung	142
Aufgaben zu Kapitel 7		144
Kommentare zu den Aufgaben		146
8. Zahlen im Dezimalsystem		**155**
8.1	Die Systematik der Stellenwertschreibweise	155
8.2	Die schriftlichen Rechenverfahren im Dezimalsystem	159
8.3	Dezimalbrüche	168
8.4	Teilbarkeitsregeln im Dezimalsystem	174
Aufgaben zu Kapitel 8		180
Kommentare zu den Aufgaben		183
9. Mechanisches Rechnen		**189**
9.1	Rechnen mit dem Soroban	189
9.2	Napiersche Streifen	194
9.3	Schickards Rechenmaschine	196
Aufgaben zu Kapitel 9		199
Kommentare zu den Aufgaben		202
Literaturverzeichnis		207
Register		209

1. Wozu verwendet man Zahlen? Aspekte des Zahlbegriffs

1.1 Zur Beschreibung der verschiedenen Zahlaspekte: Kardinalzahl, Ordinalzahl, Maßzahl, Operator, Rechenzahl, Codierung

Offenbar verwendet man im Alltag, in der Schule, in der Wissenschaft Zahlen zu ganz verschiedenen Zwecken. Eine Zahl kann in ganz verschiedenen Kontexten verwendet werden, und jedesmal drückt sie eine ganz bestimmte Sichtweise aus, dient einem jeweils unterschiedlichen Zweck.

Beispiele DieseVorlesung
- findet im Hörsaal 3 statt,
- beginnt um 14 Uhr,
- dauert 90 Minuten,
- wird von ca. 450 Zuhörerinnen und Zuhörern besucht,
- ist für viele die 1. Mathematikvorlesung an einer Uni,
- behandelt Eigenschaften von Zahlen, wie z.B. $3 \cdot 5 = 5 \cdot 3$,
- liefert Stoff für die Übungsaufgaben, die mindestens 7mal bearbeitet abgegeben werden sollen,
- bildet in der Studienordnung das Teilgebiet G 1.

Diese verschiedenen Verwendungssituationen von Zahlen können in einer Reihe von Zahlaspekten zusammengefasst werden. Nicht immer ist allerdings die Zuordnung einer Verwendungssituation zu einem der Zahlaspekte eindeutig. Oft kommen Mischformen vor, oft stecken in der Verwendung einer Zahl verschiedene Aspekte. Die Zahlaspekte dienen also hauptsächlich zu einer groben Einordnung der jeweiligen Verwendung. Im einzelnen kann man folgende Zahlaspekte unterscheiden.

a) Kardinalzahlen

Beispiele
- Es sind 300 Zuhörer in der Vorlesung.
- Eine Familie hat 4 Kinder.
- An der Uni Dortmund studieren etwas mehr als 20000 Studenten.

Beim kardinalen Aspekt der Zahlen wird also Antwort auf die Frage "wieviel?" gegeben. Zahlen werden als Anzahlen (Kardinalzahlen) verwendet.

b) Ordinalzahlen, Zählzahlen

Beispiele - Dies ist die erste Mathematik-Vorlesung für viele Studenten.
- Ich steige in den zweiten Waggon des Zuges ein.
- Sabine wurde Dritte bei den Landesmeisterschaften.

Die Zahlen geben beim ordinalen Zahlaspekt Antwort auf die Frage "der/die/das wievielte?". Durch eine Zahl wird mitgeteilt, an welcher Stelle sich eine Person oder eine Sache in einer durch den vorgegebenen Kontext bereits geordneten Reihe befindet. Zahlen dienen also zur Angabe des Platzes; man spricht von Ordnungszahlen.

Ein spezieller Teilaspekt des Ordinalzahlaspekts ist die Verwendung von Zahlen als *Zählzahlen*:

Beispiele - Dies ist Hörsaal 5.
- Der Laden hat die Anschrift Königsplatz 15.

Man sagt hier also nicht, dass dies der 5. Hörsaal oder das 15. Haus sei. Denn oft ist hier die Anordnung nicht durch die äußeren Umstände klar vorgegeben. Vielmehr wird durch das Zählen hier erst eine Ordnung begründet. Nicht immer ist die Unterscheidung zwischen diesen Aspekten klar möglich; man überlege etwa, wie "die 20. Seite des Buches" genau zu verstehen ist (z. B. wenn das Vorwort mit römischen Zahlen vorgezählt wird). Übrigens ist für Kinder (nicht für alle!) das Zählen, also dass sie versuchen, Dinge in die Reihe zu bringen, eine wichtige Vorstufe zum Erwerb eines ausgebildeteren Zahlverständnisses, wie neuere Forschungen hervorheben.

c) Maßzahlen

Beispiele - Die Vorlesung dauert 90 Minuten.
- Bis zum Hauptbahnhof sind es 8 km.
- 1/2 Pfund Butter kostet 2 DM.

Zahlen - möglicherweise auch nicht-ganze Zahlen - treten hier stets in Verbindung mit Maßheinheiten auf. Sie geben Antwort auf die Frage "wie lange?", "wie groß?", "was kostet?", ... Zahlen sind hier oft als Markierungen auf Skalen vorstellbar. Man spricht deshalb auch von "Skalenaspekt der Zahl".

d) Operatoren

Beispiele
- 7mal ist ein Übungsblatt abzugeben, um den Schein zu erhalten.
- 3mal täglich ist ein Medikament zu nehmen.
- Noch 10mal schlafen bis Weihnachten.

Im Vordergrund bei der Verwendung von Zahlen als Operatoren steht das Ausdrücken der Wiederholung einer Handlung. Die verwendete Zahl gibt dann Antwort auf die Frage "wie oft?". Hier ist eine interessante Überschneidung mit dem Maßzahlaspekt zu beobachten. Verlangt der Kunde im Stoffgeschäft viereinhalb Meter Stoff, dann ist für ihn die Länge 4,5 m die Angabe einer Maßzahl. Für die Verkäuferin ist aber diese Angabe die Aufforderung neunmal den 1/2-m-Stab am Stoff entlang zu legen (Operator). Die Art des jeweiligen Zahlaspekts hängt also ganz an der konkreten Verwendungssituation.

e) Rechenzahlen

Beispiele
- In der Vorlesung werden Rechengesetze wie $3 \cdot 5 = 5 \cdot 3$ behandelt.
- "Päckchen-Aufgaben" in der Grundschule.

Zahlen werden hier als Objekte behandelt, die nach gewissen Regeln miteinander zu verarbeiten sind. Dass diese Regeln natürlich einen realen Sinn haben, spielt jetzt nur eine untergeordnete Rolle. Zahlen als Rechenzahlen können unter zwei Gesichtspunkten behandelt werden: Es gibt algebraische Eigenschaften beim Rechnen, wie z. B. $4 \cdot 7 = 7 \cdot 4$ oder $5 \cdot 10 + 3 \cdot 10 = 8 \cdot 10$, und algorithmische Regeln, etwa wie man schriftlich zwei Zahlen, z. B. 314 und 567, multiplizieren kann.

f) Zahlen als Codes

Beispiele
- Die Vorlesung gehört zu Teilgebiet G1 in der Studienordnung.
- Die Dortmunder Universität hat die Postleitzahl 44221.
- Geheimzahl auf der Scheckkarte.
- Typenbezeichnungen

Hier werden Zahlen wie Namen für bestimmte Objekte gebraucht. Zahlen sind nur Zeichenfolgen, die aber - und darum nimmt man hierbei gern Zahlen und nicht Buchstaben - durch bestimmte arithmetische Eigenschaften eine Reihe von Unterscheidungen, Einteilungen, Ordnungen, usw. zulassen. Solche Differenzierungen sind z.B. Möglichkeiten der Gliederung durch die Eigenschaften gerade/ungerade oder 10-er-Zahl / 5-er-Zahl. Man kann also mit Zahlen als Codes beispielsweise zwei Richtungen unterscheiden (etwa Nord-Süd / Ost-West durch ungerade/gerade Autobahnnummern) oder Wichtiges hervorheben. Insofern vermischen sich auch hier der Codierungsaspekt und der Aspekt "Zahl als Rechenzahl".

1.2 Bedeutung arithmetischer Eigenschaften und Operationen in den verschiedenen Zahlaspekten

Da also der Kontext, die jeweilige Verwendungssituation, den Zahlen einen bestimmten Sinn zuweist, werden auch die verschiedenen Operationen, die man mit Zahlen vornehmen kann, sowie auch die verschiedenen Eigenschaften von Zahlen eine jeweils andere Bedeutung ausdrücken. Manche Operationen sind gar unter verschiedenen Zahlaspekten sinnlos (z. B. die Addition von Telefonnummern). In der folgenden Tabelle sind die möglichen Bedeutungen von arithmetischen Begriffen unter den einzelnen Zahlaspekten stichwortartig zusammengefasst. Auch hier gilt wieder das schon oben Angedeutete: Oft ist die Einordnung und Bewertung dieser Bedeutungen durchaus zweifelhaft und lässt eine Reihe von Interpretationsmöglichkeiten zu.

Dabei bedeuten die Striche in der nachfolgenden Tabelle

„ / “: hat keinen Sinn bzw.

„ – “: hat keine besondere Bedeutung.

Die Bedeutung arithmetischer Eigenschaften und Operationen in den verschiedenen Zahlaspekten

	kardinaler Aspekt	ordinaler Aspekt	Maßzahl-aspekt	Operator-aspekt	Rechen-aspekt	Codierungs-aspekt
Addition	Zusammen-legen, Vereinigung	/	aneinander-legen (Länge), zusammen-schütten, usw.	nachein ander ver-vielfachen	eine der Grundrechen-arten	/
Subtraktion	wegnehmen, die Fehlenden berechnen	Abstand in der Reihe	Unterschied	wie oft noch?	Umkehrung der Addition	/
Multipli kation	Rechteck-muster	/	Aufstieg zu einer anderen Größe (z.B. Kraft * Weg	"jeweils"	eine der Grundrechen-arten	/
Division	Bündeln und Zahl der Bündel berechnen	/	- einteilen (Größe; Zahl) - neue Größe (Grö-ße:Größe)	wie oft kommt ein Bündel?	Umkehrung der Multipli-kation	/
größer/ kleiner	mehr/weniger enthalten sein	besser/ schlechter, früher/ später usw.	Vergleich	öfter/ weniger oft	lineare Ordnungs-relation	oft für Zwischen-beziehungen verwendet
gerade/un-gerade	zu Paaren auf-stellbar oder nicht	/	/	/	Teilbarkeit durch 2	oft zur Angabe von Richtungen verwendet
Null	leer, nichts	/	nichts, Skalenanfang	niemals	neutrales Element bei der Addition: a+0=a	oft besondere Bedeutung, z.B. 00-,...für Auslandsgespä-che
Eins	einelementige Menge	Anfang	Einheit	keine Verände rung	neutrales Element bei der Multipl.: a*1=a	oft besondere Bedeutung, z.B. ... -1 für die Telefonzentrale
Zehn	-	-	"deka-", Stufungen bei den Einheiten	-	Basis des üblichen Stellenwert-systems	oft für Hervor hebungen benutzt
haben 1/2, 0,35 ... einen Sinn?	nein	nein	ja	ja, z.B. Brüche als Opera-toren	ja	nein
haben -1, -5, ... einen Sinn?	nein	(ja) z.B.“-2" für zweites Tiefgeschoß	ja z.B. bei ge-richteten Größen	(ja) z.B. *(-1) als Spiegelung	ja	(nein)

Figur 1.1

1.3 -R- Was soll eine "Theorie" der Zahlen überhaupt leisten?

Die Vielfalt der Zahlaspekte und der dadurch aufgezeigte inhaltliche Reichtum könnte durch eine trockene Theorie verschüttet werden. Ist das zwangsläufig so? Was soll dann "theoretisches" Durchdringen des Bereiches der Zahlen heissen? Welchen Rang hat insbesondere die mathematische Theorie, wenn - wie hier - das eigentliche Ziel ein didaktisches ist, nämlich die inhaltlichen Grundlagen für das Verstehen des Mathematiklernens zu legen?

Es geht im folgenden darum, Einsicht zu gewinnen in die Strukturen des Aufbaus der (natürlichen) Zahlen und in die daraus resultierenden Eigenschaften. Eine Theorie muss diese Eigenschaften klar aufeinander beziehen. Klarheit gewinnt man aber in der Wissenschaft oft dadurch, dass man alle störenden Nebenbedeutungen zurückdrängt und so den Kern der Sache freilegt: Klarheit durch Aspektverarmung.

Wie verträgt sich das aber mit der für das Lernen unerlässlichen Betonung der Bedeutungen einer Sache? Dazu ist zu sagen, dass keine Theorie sozusagen ins Ungewisse hinein aufgebaut wird. Die Theorie muss immer die Inhalte widerspiegeln, auf die sie sich bezieht. Es ist die Bewährungsprobe jeder Theorie, ob sie inhaltliche Phänomene gut klären kann. Erst dann wird man die Theorie als zufriedenstellend ansehen können.

Auf diese grundsätzliche Überlegung wird im folgenden noch mehrfach Bezug genommen. Sie zeigt, dass man bei der inhaltlichen Begründung von Beziehungen zwischen und Regeln über Zahlen durchaus auf gewisse - übrigens interessanterweise meist geometrisch ausgerichtete – Zusammenhänge zurückgreifen kann; denn <u>jede</u> brauchbare Theorie der natürlichen Zahlen muss zwangsläufig die so gewonnenen Resultate ebenfalls enthalten.

Dementsprechend werden sich alle Begründungen, die im Laufe dieses Buches gegeben werden, zwischen zwei Polen bewegen: Es können "formale" Begründungen sein, die ihre Berechtigung von einer theoretischen Grundlage her nehmen, es können aber auch "inhaltliche" Argumente sein, die auf evidente Tatsachen, auf die Anschauung, auf unabdingbare Eigenschaften zurückgreifen.

Ein (sehr einfaches) Beispiel: Dass $3 \cdot 5 = 5 \cdot 3$ ist, kann man "formal" einfach dadurch begründen, dass die Operation der Multiplikation natürlicher Zahlen kommutativ "ist", dass diese Eigenschaft also in den Axiomen für die natürlichen Zahlen verankert ist. Andererseits sagt die inhaltliche Deutung der Zahlen als Kardinalzahlen, dass diese Vertauschbarkeit der Faktoren sinnvollerweise bestehen "muss", denn in einem rechteckig angeordneten Feld mit den Seiten 3 und 5 befinden sich ebensoviele Elemente wie im 5x3-Feld (Drehung des Feldes):

```
o o o o o          o o o
o o o o o          o o o
o o o o o          o o o
                   o o o
                   o o o
```

Figur 1.2

An dieser Stelle sei nur soviel festgehalten: Es besteht ein spannungsreicher Bezug zwischen inhaltlichem Argumentieren und formalem Schließen, der an verschiedenen Stellen in der Vorlesung zutage treten wird. Darauf sollte hier schon ein wenig aufmerksam gemacht werden. Jedenfalls erscheint dann Mathematik weniger als dogmatische Lehre von Strukturen, sondern als Angebot von Modellen, die auf die Wirklichkeit hin zugeschnitten sind. Dementsprechend ist es sinnvoller, sich die jeweiligen Modellbildungen - also die Beziehungen zwischen Mathematik und Inhalt - vor Augen zu halten, als ein Sortiment von Formeln auswendig zu lernen.

<u>Lesehinweise:</u> In welcher Weise verschiedene Auffassungen von Zahlen beim Lernen eingehen, wird untersucht bei:

Lange, B. und Meißner, H.: Zum Lernprozess im Bereich Arithmetik. Zentralblatt Didakt. Math. 15, (1983), 92 - 101

Die vielfältigen Bedeutungen von Zahlen müssen auch in den Rechenübungen in der Grundschule aufgegriffen werden. Hierzu drei Hinweise:

Floer, J. (Hrsg): Arithmetik für Kinder - Materialien, Spiele, Übungsformen(=Beiträge zur Reform der Grundschule, Band 3), Frankfurt/Main: Arbeitskreis Grundschule, 1985.

Wittmann, E. Ch. und Müller, G. N.: Handbuch produktiver Rechenübungen, Bände 1 und 2. Stuttgart; Düsseldorf: Klett Schulbuchverlag 1990 bzw. 92.

Müller, G. N. und Wittmann, E. Ch.: Mit Kindern rechnen. Frankfurt/Main: Arbeitskreis Grundschule, 1995

1.4 -M- Das System der Nummerierung der Europa-Straßen

Ein interessantes Beispiel dafür, wie man sich bei der Codierung durch Zahlen verschiedene arithmetische Eigenschaften zunutze macht, um eine Reihe von Differenzierungen in übersichtlicher Weise vorzunehmen, ist das seit 1988 geltende System der Bezeichnung der Europastraßen. In der von der EG herausgegebenen Bekanntmachung heißt es dazu wörtlich:

1. Die Straßen des Haupt- und Zwischenrasters - A-Straßen - werden mit zwei Ziffern, die Abzweigungen, die Zubringer und die Verbindungsstraßen - B-Straßen - mit drei Ziffern nummeriert.

2. Die in Richtung Nord-Süd verlaufenden Straßen des Hauptrasters haben von Westen nach Osten ansteigende, zweistellige, auf 5 endende Nummern. Die in Richtung West-Ost verlaufenden Straßen des Hauptrasters haben von Norden nach Süden ansteigende, zweistellige, auf 0 endende Nummern. Die Straßen des Zwischenrasters haben zweistellige, ungerade oder gerade Nummern, entsprechend jenen der Straßen des Hauptrasters, zwischen denen sie liegen. Die B-Straßen haben dreistellige Nummern, deren erste Ziffer die erste Ziffer der nächstgelegenen Straße des Hauptrasters im Norden, deren zweite Ziffer die erste Ziffer der nächstgelegenen Straße des Hauptrasters im Westen und deren dritte Ziffer eine Ordnungszahl ist.

Damit lassen sich alle in der Figur 1.3 auftretenden Straßennummern "erklären": Die Straßen 35 und 45 bilden einen Nord-Süd-Streifen, innerhalb dessen die Nord-Süd-Straße 41 (35<41<45, 41 ungerade) verläuft. Zusammen mit den Straßen 40 und 50 wird eine "Masche" abgegrenzt, in der die Straße 431 ("4" von 40, "3" von 35, "1" eine laufende Nummer) in Nord-Süd-Richtung verläuft, weil 431 ungerade ist. Die West-Ost-Straße 42 (gerade!) hingegen befindet sich im Streifen zwischen den Straßen 40 und 50 (40<42<50).

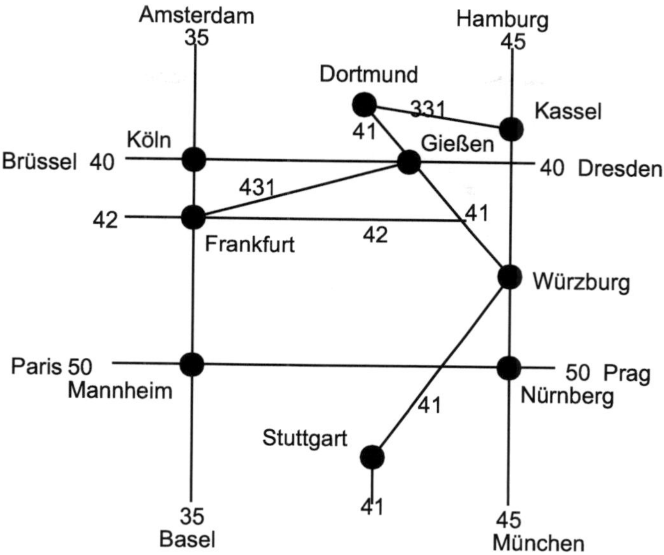
Amsterdam
35
Hamburg
45
Dortmund
331
Kassel
41
Köln
Gießen
Brüssel 40
40 Dresden
431
42
41
Frankfurt
42
Würzburg
Paris 50
Mannheim
50 Prag
Nürnberg
41
Stuttgart
41
35
Basel
45
München

Figur 1.3

Aufgaben zu Kapitel 1

1) Unten ist ein Ausschnitt aus einem Routenplaner abgedruckt. Suchen Sie verschiedene Verwendungssituationen für Zahlen aus dem kopierten Ausschnitt heraus und klären Sie
   - welcher Zahlaspekt mit dieser Zahl angesprochen ist,
   - welchen "Sinn" jeweils Addition/Subtraktion, Multiplikation (zweier Größen oder einer Größe mit einem Multiplikator), Division, größer/kleiner-Vergleich bei diesen Beispielen haben,
   - ob gerade/ungerade eine Bedeutung hat,
   - ob sonstige Auffälligkeiten vorkommen.

Ihre Reise

Start: **D44227 Dortmund Eichlinghofen Gäuseland 1-9999**

Ziel: **D58313 Herdecke Mozartweg 1-9999**

Abfahrtsdatum:	**06.11.2003**
Fahrzeugtyp:	**PKW**
Entfernung:	**15.61 km**
Fahrtzeit:	**16 min**
Maut:	**0.00 €**
Vorgaben:	

Karten

Karte des Zielgebietes

Karte gesamte Reiseroute

Zeichenerklärungen

AD= Autobahndreieck
AK = Autobahnkreuz
AS = Anschlussstelle
AE = Autobahnende
(33) = Anschlussstellennummer

Hotels

Campingplätze

Orte entlang der Route	Beschreibung	km
Dortmund / Eichlinghofen	Dortmund / Eichlinghofen	0.0
	in Eichlinghofen geradeaus weiter auf Eichlinghofer Strasse	0.1
	halb rechts halten auf Zum Nubbental	0.1
	rechts abbiegen auf L523\Stockumer Strasse	0.5
	links abbiegen auf L523\Universitätsstrasse	0.7
	bei AS Dortmund-Eichlinghofen (6) links abbiegen auf A45/E41	1.5
	bei AS Dortmund-Süd (8) rechts halten auf B54\Ruhrwaldstrasse	9.4
	rechts halten auf B54\Ruhrwaldstrasse	9.6
	links abbiegen auf B54/B234\Herdecker Bach	14.8
	in Herdecke rechts abbiegen auf Mozartweg	15.5
Hagen		15.5
Herdecke	Herdecke	15.6

Kommentar

Mit dieser Aufgabe wird aufzuzeigen versucht, auf wie vielfältige Weise uns Zahlen im normalen Alltag begegnen. Leicht könnte man weitere Beispiele finden sowie ähnlich "zahlenerfüllte" Situationen konstruieren. Ob es ein Bericht von einem Sportfest, die Beschreibung einer Tombola, das Tagebuch der letzten Klassenfahrt, eine Analyse im Wirtschaftsteil der Zeitung oder die Anzeige im Gebrauchtwagenmarkt ist, jedesmal ist man mit einer Fülle von Zahlen konfrontiert, die meistens auch noch in ganz unterschiedlicher Art verwendet werden.

Neben Beispielen, wo eine Zahl und ihre Zuordnung zu einem Zahlaspekt relativ eindeutig ist, gibt es andere, bei denen eine entsprechende Zuordnung eher mehrere Möglichkeiten zulässt. Dazu ein Beispiel: Der Zehnkampf beim Sportfest. Hier wird mit "zehn" eine Anzahl mitgeteilt, eine Anzahl von Disziplinen, die als Wettkampf zusammengefasst sind. Es ist eben kein "Fünf-", sondern ein Zehnkampf (kardinaler Aspekt). Hat man mehr den Aktiven im Auge, dann kommt auch der Operatoraspekt ins Spiel. Der Sportler muss sich zehnmal einem Wettbewerb stellen. Für den Sportexperten verbindet sich mit Zehnkampf die kurze Bezeichnung für genau 10 Disziplinen, wie 100 m Lauf, 110 m Hürden,... und nicht irgendein zufälliges Zusammenziehen von 10 Wettbewerben, so dass von hier -mehr oder weniger stark- auch der Codierungsaspekt hereinspielt.

Aufgaben dieser Art sollen für den Umgang mit Zahlen sensibel machen. Hat man das an einem Beispiel einmal sehr ausführlich geübt, beobachtet man bei sich selbst, dass man in anderen Situationen mit Zahlen nach entsprechenden Zahlaspekten sucht. Keineswegs soll das zu einem Zahlaspekt-Erkennungsdienst (in Anlehnung an entsprechende Formulierungen wie Gruppen-Erkennungsdienst aus den Zeiten der Strukturmathematik) ausufern. Dass eine solche Zuordnung eines Aspektes manchmal nicht eindeutig ist, stellt eine wichtige Erfahrung für alle Mathematikbenutzer dar, die oftmals nur an "richtig oder falsch" gewöhnt sind.

2. Zählen - Eine Vielfalt von Strategien

Ebenso wie die inhaltliche Bedeutung der Zahlen unter einer Vielfalt von Aspekten gesehen werden kann, und demnach eine Vielzahl von Bedeutungen durch Zahlen ausgedrückt werden kann, so ist auch der Vorgang des Zählens ein keineswegs einheitliches Konzept. Vielmehr werden auch hier vielfältige Arten des Zählens, verschiedene Strategien, verschiedene Anpassungen an diverse Aufgaben sichtbar. Dem soll im Folgenden nachgegangen werden.

a) Die zunächst einfachste Form des Zählens ist das Abzählen. Die Anzahl der Objekte einer bestimmten Gesamtheit wird bestimmt, indem man die Zahlwörter von 1 an beginnend benutzt, um die einzelnen Objekte abzuzählen. Die letztgenannte Zahl gibt dann die Gesamtanzahl an. Aber schon bei diesem einfachen Abzählen bedient man sich unterschiedlicher Strategien. Man zählt z.B., indem man auf die einzelnen Objekte deutet, oder indem man diese nur anschaut, indem man bereits Gezähltes zur Seite legt oder kennzeichnet.

b) Alle über das einfache Abzählen hinausgehenden Zählstrategien machen sich in irgendeiner Weise eine Struktur der zu zählenden Gesamtheit zunutze. Unter Strukturiertem Zählen wollen wir aber enger diejenigen Strategien zusammenfassen, wo entweder

- eine in einer Gesamtheit vorhandene Struktur ausgenutzt wird, um das Zählen zu erleichtern, oder

- der zu zählenden Menge eine Struktur aufgeprägt wird, die dann beim Abzählen ausgenutzt wird.

Beispiele dafür gibt es viele:

- Plättchen zählen, die in bestimmten Mustern vorliegen - auf speziellere Muster wird in Kap. 4 genauer eingegangen. Hier sei nur auf das wichtigste und häufigste aller Muster hingewiesen, das Rechteckmuster. Eine solche Anordnung

```
O O O O O O O
O O O O O O O
O O O O O O O
```

zählt man nicht vollständig aus, sondern man zählt nur die Zahl der Quer- und Längsreihen und multipliziert: "Rechteckregel".

- Geld zählen - Struktur wird in einen größeren Geldbetrag dadurch hineingebracht, dass man zuerst nach den Werten der einzelnen Münzen sortiert: "Sortierstrategie".

- Strichlisten, wie etwa bei Wahlen üblich - Man zählt die Zahl der Striche, indem man etwa je 5 zusammenfasst: „Bündelungsstrategie".

- Zählen bei räumlichen Konfigurationen - Geometrische Muster müssen nicht eben sein. Dann ist es besonders wichtig, beim Zählen eine übersichtliche Strukturierung durch geeignete Zerlegungen der Körper vorzunehmen. Das kann wieder auf verschiedene Weisen geschehen. Der einfachste Fall ist der Quader (vgl. Fig. 2.1). Wie viele Würfelchen sind hier verbaut? Man kann sich die Würfelchen in Ebenen oder in aufrecht stehende Scheiben angeordnet denken und kommt so insgesamt zu

$2 \cdot (3 \cdot 5)$ oder $5 \cdot (2 \cdot 3)$ oder $3 \cdot (2 \cdot 5)$ Würfelchen.

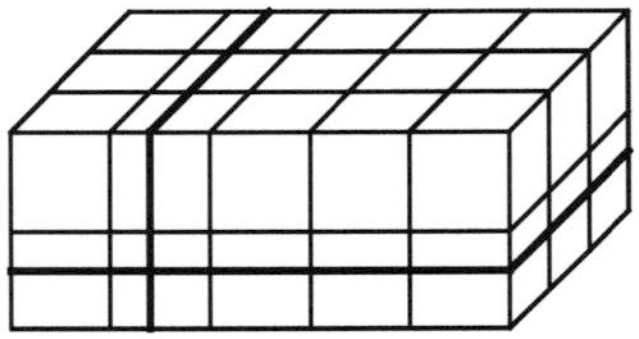

Figur 2.1

Ein weiteres Beispiel einer räumlichen Anordnung ist dies:

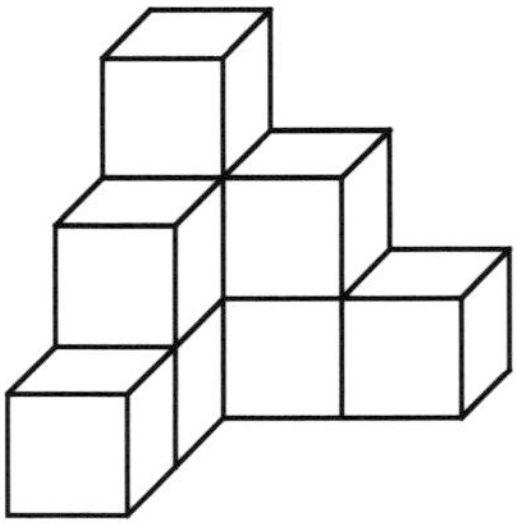

Figur 2.2

Auch in dieser Figur führen verschiedene Strukturierungen zu verschiedenen Zählweisen, aber - natürlich - zum gleichen Endergebnis:

die Türme zählen:	$1 + 2 + 3 + 2 + 1$
die Treppen zählen:	$(3+2+1) + (2+1)$
die (waagerechten) Ebenen zählen:	$5 + 3 + 1$

Das allgemeine Konzept des strukturierten Zählens führt zu einer Reihe von weiteren speziellen Zählstrategien, die man besser in ihrer Eigenständigkeit sieht:

c) Systematisches Mehrfachzählen: Oft ist es günstig, einzelne zu zählende Objekte zunächst mehrfach aufzuzählen, weil dadurch eine größere

Übersichtlichkeit erreicht werden kann. In einem zweiten Schritt sind dann die Mehrfachzählungen entsprechend zu berücksichtigen.

Beispiele:

- Wie viele Diagonalen hat ein (konvexes) n-Eck? - Von den n Ecken gehen jeweils n–3 Diagonalen aus, was zunächst auf die Zahl n(n–3) führt. Jede Diagonale ist aber hierbei doppelt gezählt. Somit sind es insgesamt $\frac{1}{2} \cdot n \cdot (n-3)$ Diagonalen. Ausgleich der Mehrfachzählung erfolgt durch eine Division.

- In einer Klasse mit 25 Kindern wird ein Ausflugsziel gesucht. 17 Kinder melden sich für einen Besuch im Zoo, 13 Kinder wollen ins Kindertheater. Wie viele Kinder haben für beides gestimmt? Man denke sich die 17 und 13 "Abstimmungen" zunächst der Reihe nach aufgezählt. Das wären 17 + 13 = 30 Voten. Die ersten 17 sind sämtliche Zoo-Stimmen, die bis 25 verbleibenden 8 Stimmen lauten also nur auf Theaterbesuch. Also sind die Stimmen 26,27,...30 die Doppelvoten, die mehrfach aufgezählt wurden. Es haben sich somit 5 Kinder für beide Unternehmungen entschieden. Die Mehrfachzählung wird hier also durch eine Subtraktion ausgeglichen.

d) <u>Indirektes Zählen:</u> Insbesondere bei größeren und unübersichtlichen Anzahlen nimmt man oft eine Strukturierung vor, die das Zählen der einzelnen Objekte ersetzt durch einen logischen Schluss von einer Teilmenge auf die Gesamtheit. Man spricht daher von indirektem Zählen, weil hierbei vermittels bestimmter Zusatzüberlegungen von bestimmten Daten auf die Gesamtheit geschlossen wird.

Beispiele:

- Unübersichtliche Abbildungen, z. B. eines Vogelschwarms, eines Ameisenvolkes, von ausgeschütteten Nägeln und dergleichen, zählt man, indem man ein Raster über die Abbildung legt, ein typisches Rasterfeld auszählt und dann auf die Gesamtzahl schließt.

- Wie viele Telefonanschlüsse gibt es in einer großen Stadt? - Zähle eine "typische" Spalte im Telefonbuch aus oder bilde den Mittelwert der Einträge in einigen wenigen Spalten. Dann schließt man über die Zahl der Spalten pro Seite und die Seiten des Telefonbuches auf die Gesamtzahl der Fernsprechteilnehmer.

- Wie viele Erbsen sind in einem Glas, in einer großen Tüte? - Hier verdient die Zählweise erst recht das Prädikat "indirekt". Man kann nämlich z. B. über das Auswiegen einer kleinen abgezählten Menge und das Wiegen der gesamten Menge auf die Anzahl schließen. Es wird damit also das Zählen auf das Wiegen zurückgeführt.

e) Von unterschiedlicher Art - im Vergleich zum Zählen von konkreten Dingen - erscheint im Bewusstsein vieler Menschen das <u>Zählen von Möglichkeiten</u>, also von nicht mehr gegenständlichen Objekten. Dennoch ist auch hier der Grundgedanke wieder der einer Strukturierung der zu zählenden Gesamtheit. Aus diesen, in der Kombinatorik genauer untersuchten, Zählstrategien werden hier nur zwei grundlegende Modelle vorgestellt. Die geistige Arbeit bei kombinatorischen Aufgaben besteht hauptsächlich darin, die dem Problem jeweils angemessene Modellierung zu finden.

Zwei derartige Modelle seien hier kurz erwähnt (vgl. zu Erweiterungen auch den in diesem Kapitel besonders ausführlichen Übungs- und Kommentarteil):

1. Das Wegemodell

Wie viele Wege gibt es von A über B nach C bei diesem Wegeplan?

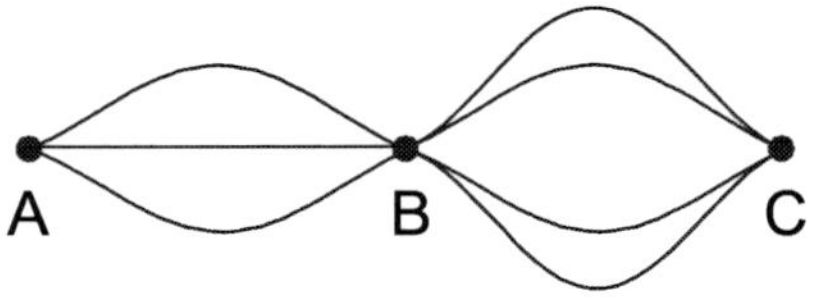

Figur 2.3

Nach Durchlaufen einer jeden gewählten Route von A nach B kann man frei einen der 4 Wege von B nach C wählen.

Es sind also insgesamt $4 + 4 + 4 = 3 \cdot 4$ Wege. Modellcharakter hat diese Vorstellung dadurch, dass eine Vielzahl von Situationen in diesem Bild dargestellt werden kann:

Beispiele:

- In der Selbstbedienungsmensa werden frei wählbar 2 Fleischgerichte, 3 Beilagen, 2 Desserts angeboten. Wie viele verschiedene Teller lassen sich zusammenstellen?

- Das mathema-Mengenspiel besteht aus großen oder kleinen, roten, blauen oder gelben, runden, drei-, vier- oder fünfeckigen Plättchen. Wie viel Plättchen sind es, wenn jedes genau einmal vorkommt?

Man vergleiche das Wegemodell mit der oben erwähnten Rechteckregel, bzw. mit dem Zählen der Würfelchen beim Quader. Dann erkennt man, dass die "Modellierung" eines Sachverhalts meist auf mehrere Weisen möglich ist.

2. Das Baummodell

Am folgenden Beispiel scheitert man bei einer Modellierung mittels des Wegemodells:

Beispiel:

- Eine Flagge mit 3 Feldern kann mit 4 Farben gefärbt werden. Sinnvollerweise sollen unmittelbar benachbarte Felder nicht mit der gleichen Farbe gefärbt sein. Wie viele verschiedene Flaggen lassen sich herstellen?

Das Wegemodell benutzt die Tatsache, dass die einmal getroffene Wahl keinen Einfluss auf die nächstfolgende Auswahl hat. Das ist bei diesem Beispiel wegen der Nebenbedingung nicht der Fall. Die Färbung der Flagge lässt sich übersichtlicher in einem Baum darstellen.

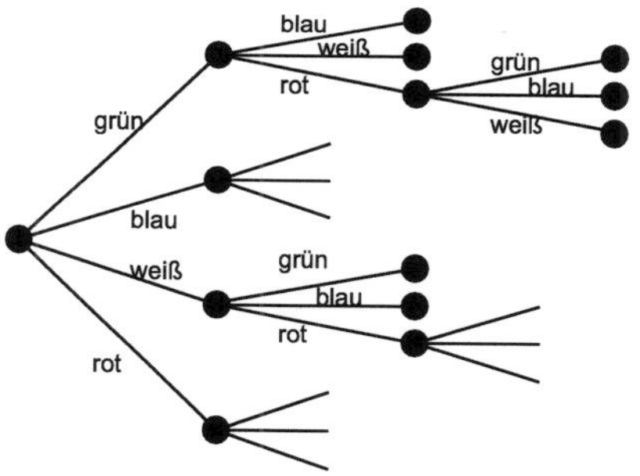

Figur 2.4

Dabei stellen die Ecken (Punkte, Knoten, Verzweigungen, Wurzeln) jeweils bereits erreichte Zustände dar, die Kanten (Äste, Zweige) aber die Handlungen, die zum nächsten Zustand führen. Auch wenn obiger Baum nicht vollständig gezeichnet ist - das ist bei Bäumen oft sehr aufwendig - zeigt er doch gut die "Struktur" des Problems auf:

Sind n Farben und k Felder gegeben, hat man ein Produkt

$n \cdot (n-1) \cdot (n-1) \ldots \cdot (n-1)$ aus k Faktoren zu bilden.

Das ergibt $n \cdot (n-1)^{k-1}$ Möglichkeiten.

Lesehinweis:

Für den Mathematikunterricht ist das Zählen einer der wichtigsten Startpunkte. Die Entwicklung eines elaborierten Zahlbegriffs beginnt für viele Kinder bereits im Vorschulalter mit dem Zählen. Vgl. hierzu z.B.

Schmidt, S. und Weiser, W.: Zählen und Zahlverständnis von Schulanfängern. Journal für Math.-Didaktik 3, (1982), 227 - 236

Aufgaben zu Kapitel 2

1) An einem Turnier nehmen 8 Mannschaften teil. Jede Mannschaft soll gegen jede andere genau einmal spielen. Wie viele Spiele sind nötig? Wie ist es bei n Mannschaften?

2) Aus regelmäßigen Dreiecken gleicher Größe werden Körper zusammengesetzt.
i) Aus 4 Dreiecken entsteht ein Tetraeder. An jeder Ecke stoßen 3 Dreiecke zusammen.
ii) Aus 8 Dreiecken entsteht ein Oktaeder. An jeder Ecke stoßen 4 Dreiecke zusammen.
iii) Aus 20 Dreiecken entsteht ein Ikosaeder. An jeder Ecke stoßen 5 Dreiecke zusammen.
Wie viele Kanten und Ecken haben die Körper?

3) Eine quadratische Spielkarte wird durch beide Diagonalen in 4 Felder unterteilt. Diese Felder werden auf der Oberseite (auf beiden Seiten gleich) eingefärbt. Es stehen 2 (3,4..) Farben zur Verfügung. Wie viele verschieden gefärbte Quadrate entstehen?

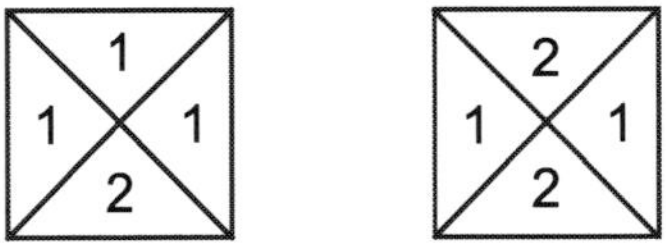

Figur 2.5

4) Ein Dominostein ist ein Rechteck, das in 2 Quadrate unterteilt ist. Die Quadrate sind mit den Zahlzeichen 0,1,..6 versehen, so dass jede mögliche Kombination zweier Zahlen durch genau einen Stein repräsentiert wird.
Wie viele Steine hat ein kompletter Satz?
Wie ist es, wenn die Zahlen 0,1,..9 vertreten sind?

Figur 2.6

5) Aus schwarzen und weißen Steinen werden nach folgender Regel Mauern gebaut: Haben zwei Nachbarsteine die gleiche Farbe, ist der darüberliegende Stein weiß, sonst schwarz.

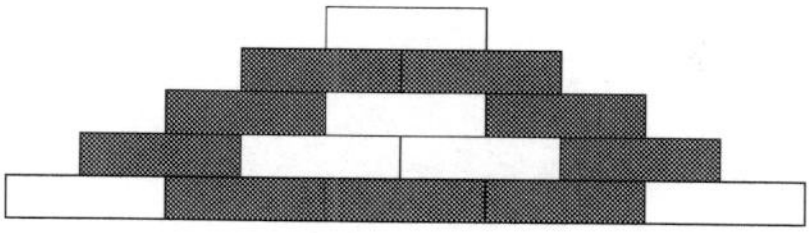

Figur 2.7

Wie viele verschiedene Mauern gibt es, wenn die Ausgangsreihe aus 4 (5) Steinen besteht?
Bei wie vielen Mauern ist der oberste Stein schwarz?

6) Aus Stäben der Länge 1,2,..10 werden Züge gebaut; dabei wird die Reihenfolge der Stäbe beachtet (s. Bsp. für die Längen 3 und 4). Ein Zug soll insgesamt die Länge 5 (6,..,10) haben. Wie viele verschiedene Züge lassen sich zusammenstellen?
Welcher Zusammenhang zwischen den einzelnen Anzahlen ist erkennbar?

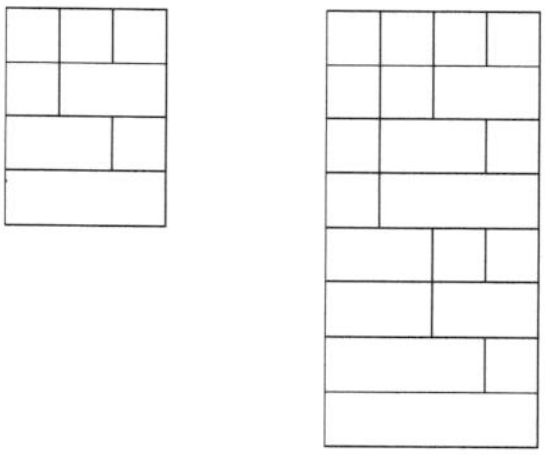

Figur 2.8

7) In diesem Gitter sollen Wege ausgezählt werden. Ein Weg der Länge n besteht aus n zusammenhängenden Wegstücken. Ein Wegstück führt von einem Gitterpunkt nach rechts oder nach oben bis zum nächsten Gitterpunkt, so dass also keine Umwege gemacht werden.

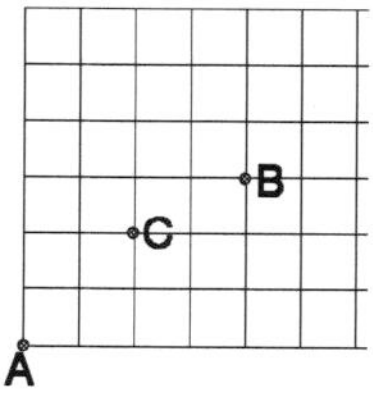

Figur 2.9

a) Wo befindet man sich nach einem Weg der Länge 6, wenn man bei A startet?
b) Wie viele verschiedene Wege gibt es von A nach B?
c) Wie viele verschiedene Wege gibt es von A nach B, die über C führen?

8) Aus Steinen der Länge 2 und Breite 1 wird ein Weg der Länge 5,6,7,...n und Breite 2 gepflastert. Wie viele Pflasterungen gibt es?

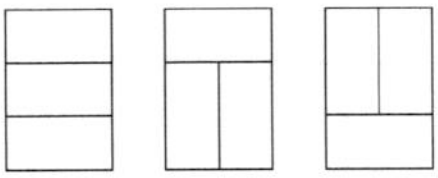

Figur 2.10

9) Bei der Elfer-Wette im Toto muss man für 11 Fußballspiele die Ergebnisse vorhersagen. Die Angaben werden codiert durch die Ziffern 0, 1 bzw. 2, die für unentschieden, Sieg der Heimmannschaft bzw. Sieg des Gastes stehen. Wie viele verschiedene Tipps sind bei einer Ausspielung möglich?

Kommentar

Die folgenden Bemerkungen zu den Aufgaben sind besonders ausführlich. Sie sollen einerseits die "Vielfalt" der Abzählstrategien anschaulich vor Augen führen und andererseits deutlich machen, wie viele Situationen in einem Modell eingefangen werden können. Damit gewinnt man einen ersten Zugang zu elementaren Denkweisen der K o m b i n a t o r i k .

zu Aufg. 1

Aufgabenstellungen dieser Art sind in der Literatur als sog. "hand-shake-Probleme " bekannt: "Auf einer Party begrüßt jeder Gast jeden anderen durch Handschlag. Wie oft werden Hände geschüttelt ?"

Für eine kleine Anzahl von Mannschaften in unserem Kontext lohnt es sich in einem ersten Zugang zur Aufgabe ganz konkret, eine Ergebnistabelle zu entwerfen, die gleichzeitig in einfacher Form die Anzahl der nötigen Spiele zu ermitteln gestattet. Dazu eignet sich ein quadratisches Gitter, in dem man Spalten und Zeilen durch die Mannschaften benennt. Nach Streichung der Diagonalfelder verbleiben oberhalb und unterhalb Dreiecksflächen, wobei die Anzahl der darin befindlichen Felder jeweils die Lösung darstellt. Die Lösungen, die deswegen auch Dreieckszahlen genannt werden, lassen sich auf ganz unterschiedliche Art numerisch gewinnen:

<u>Geometrische Hilfen beim Zählen</u>

i) Quadratgitter

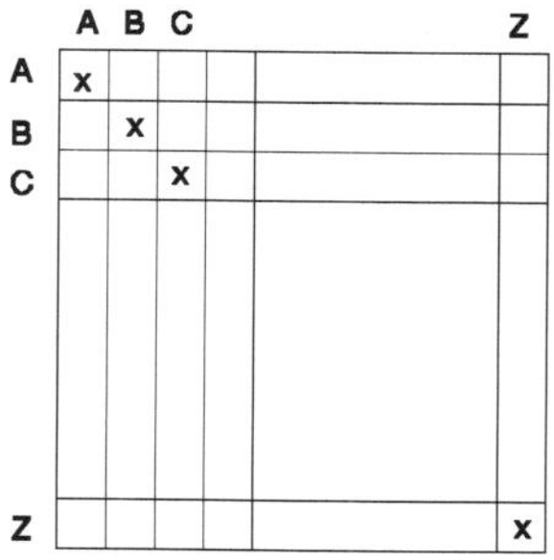

Figur 2.11

Von den n^2 vielen Feldern werden n Diagonalfelder entfernt, die verbleibende Anzahl noch halbiert, also $(n^2-n)/2$.

ii) Treppen

Die Summen 1+2+3+...+(n–1) sind leicht als Treppen zu interpretieren. Zwei gleiche Treppen, entsprechend verdreht zusammengelegt, bilden ein Rechteck der Breite (n–1) und Höhe n. Eine Treppe hat dann als Summe die halbe Rechtecksfläche n(n–1)/2.

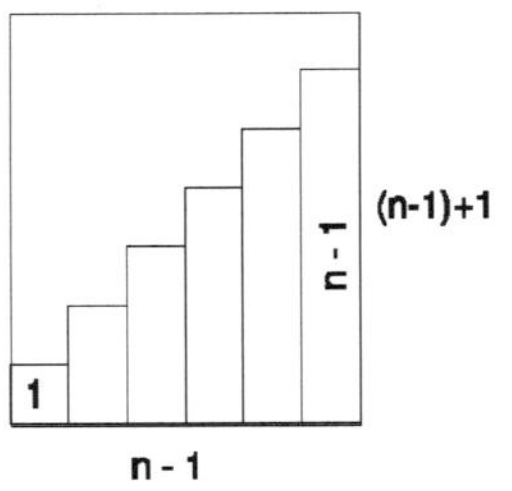

Figur 2.12

Zählstrategien

Orientiert man sich nicht an der geometrischen Repräsentation der Zahlensummen, wie das in i) und ii) gemacht wurde, sondern versucht man, Zählstrategien ins Spiel zu bringen, so gelingt das ebenfalls auf mehrfache Weise.

iii) Systematisches Mehrfachzählen

Da jede Mannschaft genau einmal gegen jede andere spielt, macht jede der n Mannschaften n–1 viele Spiele, also so gezählt n(n–1) Spiele, wobei aber jedes Spiel doppelt gezählt wurde; Ergebnis also: n(n–1)/2.

iv) Rekursiver Zugang

Bei k Mannschaften sei die Anzahl der Spiele mit A(k) notiert. Eine neu hinzukommende (k+1)-te Mannschaft macht weitere k Spiele. Es gilt also für alle Anzahlen k: $A(k+1) = A(k)+k$

Durch Rückwärtsabspulen dieser Rekursion lässt sich A(n) in folgender Weise ermitteln:

$$A(n) = n-1 + A(n-1) = (n-1)+(n-2)+A(n-2) = \dots$$

$$= (n-1)+(n-2)+\dots+2+A(2), \quad \text{wobei } A(2) = 1 \text{ ist.}$$

Auch dieses Problem läuft also auf "Treppen" hinaus.

v) Kombinatorischer Zugang

Ein Spiel ist eindeutig bestimmt durch die Auswahl zweier Mannschaften. Für die erste Mannschaft hat man n Möglichkeiten, für die zweite noch n–1. Dabei hat man jedoch die Reihenfolge berücksichtigt, die bei unserem Problem irrelevant ist. Das ist die aus der Kombinatorik bekannte

Formel $\binom{n}{2}$ (n über 2), also $\frac{n(n-1)}{1 \cdot 2}$.

Die Auswahl von je zwei Objekten aus einer Gesamtheit kommt in einer Reihe von Situationen vor: Anzahlen von

- Telefongesprächen einer Gruppe untereinander,
- Dominosteinen (s. Aufg. 4),
- Schnittpunkten beliebiger Geraden in der Ebene,
- Kanten in vollständigen Graphen,... .

zu Aufg.2

Mit dieser Aufgabe werden nur die drei platonischen Körper angesprochen, die aus rglm. Dreiecken zusammengesetzt sind. Die Angaben über die Anzahl der Flächen insgesamt und wie viele von ihnen an einer Ecke zusammenstoßen sind zwar entbehrlich, ihre Herleitung würde u. U. jedoch zu weit vom Thema wegführen. Dies gilt auch für den Zusammenhang mit der Eulerschen Polyederformel. Hier geht es wieder einmal um das Bewusstmachen der Möglichkeit, viele Zählstrategien für ein und dasselbe Problem anzuwenden:

a) Abzählen an konkreten Körpermodellen mit entsprechend sprachlicher Begleitung, z.B. beim Tetraeder: Die Grundfläche hat 3 Kanten; von jeder Ecke der Grundfläche gehen 3 Kanten zur 4. Ecke, also zusammen 6 Kanten.

b) Herstellung der Körper (konkret oder nur vorgestellt)

Bei n Dreiecken hat man 3n Kanten. Beim Zusammenkleben entsteht aus zwei von ihnen eine räumliche Kante; z.·B. $8 \cdot 3/2 = 12$ Kanten beim Oktaeder.

Ähnlich für die Ecken beim Ikosaeder: 20 Dreiecke haben $3 \cdot 20$ Ecken. Aus 5 Ecken entsteht eine räumliche Ecke, also $20 \cdot 3/5 = 12$ Ecken.

c) Systematisches Mehrfachzählen

Man hat eine Anzahl (Ecken oder Kanten) bestimmt und zählt die jeweils andere ab. Das Dodekaeder hat 12 Ecken. Von jeder Ecke gehen 5 Kanten weg. Zählt man also an jeder Ecke die Kanten, so ergibt sich: $12 \cdot 5 = 60$. Eine Kante verbindet genau 2 Ecken, d. h. jede Kante wird hierbei doppelt gezählt., $60/2 = 30$ Kanten beim Dodekaeder.

zu Aufg.3

Das so unterteilte Quadrat stelle man sich als Oberfläche eines (frei beweglichen, jedoch zunächst nicht umwendbaren) physikalischen Körpers (Bierfilz, o.ä.) vor, so dass man durch Drehungen gewisse Färbungen identifiziert. (Bei festgehaltener Fläche hätte man bei 2 Farben 2^4 Färbungen). Mit einem Baumdiagramm gelingt ein Aufspalten der auszuzählenden Färbungen nach der Anzahl der mit der Farbe 1 gefärbten Teilflächen. Hat man 3 oder mehr Farben zugelassen, so muss man bei den Quadraten, die drei- oder mehrfarbig sind, auch die Orientierung der Farben beachten.

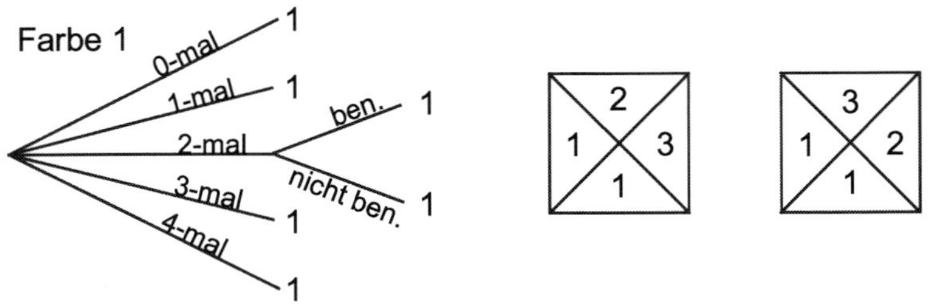

Figur 2.13

In der Abbildung 2.13 sieht man 2 Färbungen, die durch Drehen nicht ineinander überführt werden können. Stellt man die Quadrate aus durchscheinender Folie her oder wiederholt die Färbung in gleicher Weise auf der Rückseite der Spielkarte, kann man auch ein Umwenden als Operation zulassen.Neben den Drehungen kommen dann auch Klappungen (Spiegelungen) ins Spiel. Damit sind die gefärbten Quadrate der Abbildung nicht mehr zu unterscheiden.

Ergebnisse:	2 Farben	6 Färbungen (einseitig)
	3 Farben	24 Färbungen (einseitig)
	3 Farben	21 Färbungen (durchgefärbt)

zu Aufg. 4

Diese Aufgabe ist eng verwandt mit der Aufgabe 1. Man muss lediglich berücksichtigen, dass Paschsteine existieren.

6er Domino: $\frac{7 \cdot 7 - 7}{2} = 28$ 7×7-Quadrat ohne Diagonale, davon die Hälfte und die Diagonale wieder hinzugenommen.

9er Domino: $\frac{10 \cdot 10 - 10}{2} + 10 = 55$

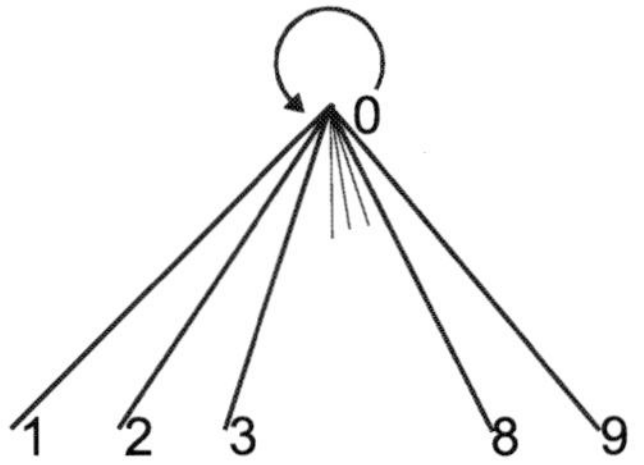

Figur 2.14 als Graph

Die Paschsteine sind im Graphen als Schleifen gezeichnet.

Von jeder Ecke gehen 9 Kanten weg.

Bei 10 Ecken und doppelter Zählung $\frac{9 \cdot 10}{2} + 10$

Weitere Fragen:

Gelingt es bei einem Dominospiel nach der normalen Anlegeregel (gleiche Hälften dürfen aneinander) alle Steine in einer geschlossenen Kette zu legen oder wenigstens in eine bestimmte Minimalzahl von Teilketten? Fragen, die aus der Durchlaufbarkeit solcher Graphen zu beantworten sind, stellen ganz reizvolle Ausflüge zu unseren Problemen dar. (Beim 6er Domino geht es, beim 9er Domino minimal in 5 Teilketten.)

zu Aufg. 5

Man muss sich zunächst klarmachen, dass die unterste Reihe die darüber gebaute Mauer eindeutig festlegt. Damit reduziert sich das Problem auf die Frage, wie viele Anordnungen schwarz/weißer Steine es von der Länge n gibt. (Wegemodell: 2^n).

Will man das Problem rekursiv angehen, stellt man sich die Frage, wie man eine Mauer um eine Reihe erhöhen kann. Da die Anzahl der Reihen und die Anzahl der Steine in der untersten Reihe stets gleich sind, gibt es 2 Möglichkeiten:

(I) Eine vorhandene Mauer wird durch eine neue Reihe unterbaut, oder (II) es wird ein Stein an die unterste Reihe angelegt und die Mauer nach oben entsprechend vervollständigt.

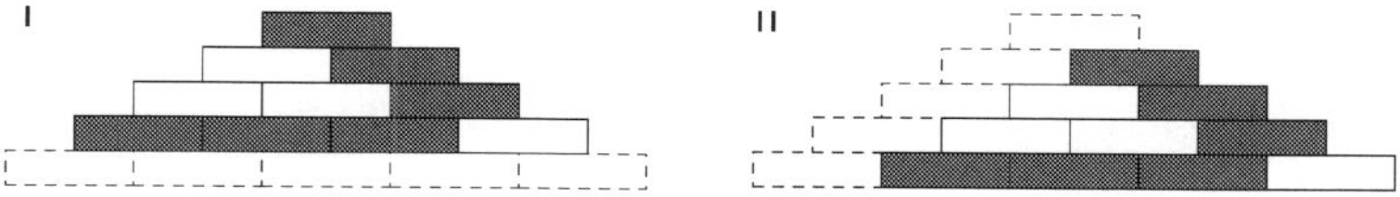

Figur 2.15

Will man die Anzahl aller Mauern der Höhe n ermitteln, so stützt man sich auf die Anzahl aller Mauern der Höhe n–1. Sei dies die Zahl M(n–1).

Diese Mauern kann man nach Modell I auf zweifache Weise unterbauen: Ein Stein kann in seiner Farbe frei gewählt werden (2 Möglichkeiten), die anderen liegen dann farblich fest. Analoges folgt auch aus Modell II. Numerisch bedeutet das: $M(n) = 2 \cdot M(n-1)$

Ein Abspulen, zusammen mit der Anfangssituation M(1) = 2, liefert

$$M(n) = 2^n.$$

Ein weiteres Argument: Wegen der Symmetrie in den Regeln bzgl. der Farben schwarz und weiß bedeutet ein Umfärben (schwarz in weiß und umgekehrt) einer Reihe für ihren Oberbau keinerlei Änderungen, d. h. jede vorhandene Mauer kann auf zweifache Weise unterbaut werden.

Soll der oberste Stein einer Mauer schwarz sein, so bietet sich hier als Abzählhilfe Modell I an.

Es stellt sich dieselbe Rekursion ein, $S(n) = 2 \cdot S(n-1)$, lediglich die Anfangsbedingung ist mit S(1) = 1 (Mauer der Höhe 1 mit schwarzer Spitze) anders, was zur expliziten Formel $S(n) = 2^{n-1}$ führt. Es gibt also gleich viele Mauern mit schwarzer wie weißer Spitze, ein Ergebnis, das wegen der Symmetrie der Farbregeln zu erwarten ist.

zu Aufg. 6

Diese Aufgabe kann z.B. mit den sog. Cuisenaire-Stäben, einem bewährten Material für die Grundschule, nachgestellt werden, und so kann man für kleine Längen konkret die Anzahlen ermitteln. Für eine allgemeine Lösung lassen sich i.w. zwei rekursive Strategien verfolgen:

I) Man stelle sich auf den Standpunkt, dass man für alle kleineren Werte von n die entsprechenden Anzahlen bereits ermittelt habe. Seien dies die Werte A(1), A(2),.., A(n–1). Wie bestimmt sich A(n)? Mit der entsprechenden Einkleidung in der Aufgabe nenne man den ersten Wagen eines Zuges Lokomotive und mache eine Fallunterscheidung nach deren Länge.

Bei Zügen der Länge n:

Eine Lokomotive der Länge n zählt als eine Möglichkeit.

Eine Lokomotive der Länge n–1 muss durch einen "Einer-Wagen" zu einem Zug der Länge n gemacht werden (+ A(1)).

An eine Lokomotive der Länge k können alle Züge der Länge n–k angehängt werden (+ A(n–k) Möglichkeiten).

An eine Lokomotive der Länge 1 kann man alle Züge der Länge n–1 anhängen (+ A(n–1)).

Insgesamt bekommt man so die folgende Darstellung:

$$A(n) = 1 + A(1) + A(2) + \ldots + A(n-1)$$

entsprechend für n–1

$$A(n-1) = 1 + A(1) + A(2) + \ldots + A(n-2).$$

Subtrahiert man diese Gleichungen voneinander, so ergibt sich:

$$A(n) - A(n-1) = A(n-1) \qquad \text{oder} \qquad A(n) = 2 \cdot A(n-1)$$

Durch Abspulen einer solchen Gleichung, zusammen mit der Anfangsbedingung A(1) = 1, kommt man zur expliziten Formel

$$A(n) = 2^{n-1}.$$

II) Direkter kommt man zur jeweiligen Verdoppelung der Anzahlen von Schritt zu Schritt durch folgende Überlegung:

Ein Zug der Länge n entsteht, wenn man hinten an einen Zug der Länge n–1 einen "Einer"-Zug anhängt oder diesen "Einer" mit dem letzten Wagen des Zuges zu einem neuen Wagen vereinigt. Auf diese Weise entstehen jeweils doppelt so viele, wie es im Schritt davor gab.

Kann es weitere Züge der Länge n geben? Angenommen

i) der Zug hat als letzten Wagen einen "Einer". Dann ist der Zug ohne diesen Einer von der Länge n–1 und deren Gesamtzahl war schon ermittelt.

ii) der Zug hat keinen "Einer"-Wagen hinten. Durch Abschneiden eines Einers entsteht ein Zug der Länge n–1 und von diesen kennt man alle.

Durch beide Handlungen entstehen je A(n–1) neue Züge der Länge n,

also $A(n) = A(n-1) + A(n-1) = 2 \cdot A(n-1)$

Durch Abspulen kann man die explizite Formel $A(n) = 2^{n-1}$ entwickeln.

Entstehen durch die beiden Handlungen (Anhängen bzw. Vereinigen) auch wirklich verschiedene Züge?

Der letzte Wagen von Zügen der Länge n, die durch Anhängen entstanden sind, ist immer ein "Einer"-Wagen, bei den anderen Zügen ist dieser letzte Wagen länger. Züge mit gleichem letzten Wagen unterscheiden sich in ihrem Anfangsstück, da sonst dieses Anfangsstück schon doppelt gezählt gewesen wäre.

zu Aufg. 7

Mit dieser Aufgabe, gestellt als Wegeproblem, lassen sich eine Vielzahl von Aufgaben modellieren, die zu einer Grundfigur der Kombinatorik gehören, nämlich der Kombinationen mit Wiederholungen.

Eine Beispielaufgabe: Wie viele verschiedene Eisportionen mit 3 Bällchen kann man aus 5 Eissorten zusammenstellen? (Sinnvollerweise spielt die Reihenfolge der Bällchen im Hörnchen keine Rolle!)

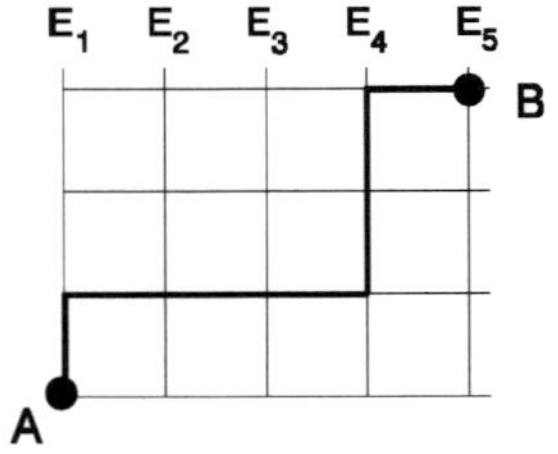

Figur 2.16

1. mit Wegen

Der eingezeichnete Weg steht für folgende Eisportion: 1 Bällchen von Sorte E_1, 2 Bällchen von Sorte E_4.

2. mit "Codes"

Jede Portion ist durch einen Weg interpretierbar. Codiert man eine Wegstrecke nach oben mit "o", nach rechts mit "r", so wird ein Weg von A nach B durch ein Wort der Länge 7, wie z. B. „rorroor" repräsentiert. Alle diese Worte haben neben der Länge auch gemeinsam, dass sie aus 4 "r" und 3 "o" bestehen.

Kann man sich auf die Anzahlformel für Permutationen mit Wiederholungen stützen, ergibt sich als Anzahl aller Wege von A nach B: $\frac{(3+4)!}{3!\cdot 4!}$

Eine elementarere Abzählmethode geht rekursiv vor. Das letzte Wegstück vor B (s. Fig. 2.17) kann horizontal oder vertikal verlaufen. Kennt man entsprechende Anzahlen für Wege nach H bzw. G, so ist klar, dass die Anzahl der Wege nach B sich additiv aus diesen Anzahlen zusammensetzt. Um die Anzahl der Wege bis zum Punkt H zu bestimmen, müsste man die Anzahl der Wege zu dessen Nachbarpunkten kennen, ... usw.

Auf diese Weise schreitet man zurück, bis man auf die Vertikale bzw. Horizontale durch A stößt. Hier kennt man zum ersten Male die Anzahl der Wege, die zu diesen speziellen Gitterpunkten führen (=1), und kann dann wieder durch Vorwärtsschreiten die gesuchten Anzahlen ermitteln.

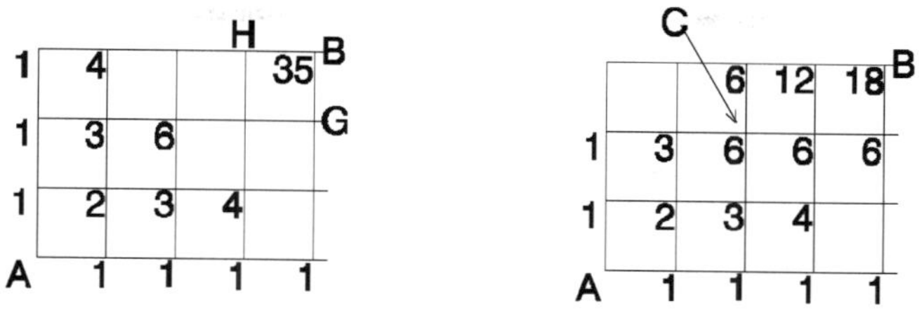

Figur 2.17

Diese Methode lässt sich auch auf modifizierte Gitter anwenden, z. B. wie in der gestellten Aufgabe bzw. bei anderen Gittern, wenn feste Zwischenpunkte vorgegeben sind. Bei festen Zwischenpunkten könnte man auch über das "Wegemodell" zu einer Antwort kommen. 6 Wege führen von A nach C. Verschiebt man C in den Anfangspunkt, kann man ablesen, dass von C nach B (entsprechend verschoben) 3 Wege führen. Jeder dieser 6 Wege von A nach C kann auf dreifache Weise verlängert werden, also 6×3 = 18 Wege von A nach B, die über C führen.

zu Aufg. 8

Auch mit dieser Aufgabe kann man zeigen, welches leistungsstarke Werkzeug rekursive Ansätze sein können. Für kleine n bestimmt man die Anzahl der Pflasterungen direkt. Für ein beliebiges aber festes n könnte man folgende Überlegung anstellen:

Entweder liegt der letzte Stein a) senkrecht oder b) zwei Steine liegen parallel (mit den längeren Seiten) zum Weg.

Beim Weg der Länge n und der Situation a) hat man so viele verschiedene Möglichkeiten, wie es verschiedene Wege der Länge n–1 gibt

bzw. bei b) kann man vor die letzten beiden Steine alle möglichen Pflasterungen für einen Weg der Länge n–2 legen.

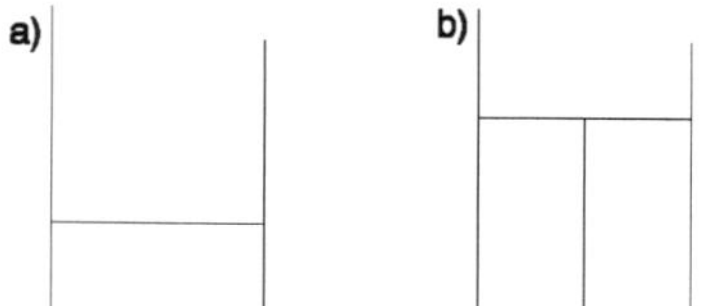

Figur 2.18

Ist W(n) die Anzahl aller Pflasterungen für einen Weg der Länge n, hat man mit dieser rekursiven Strategie:

$$W(n) = W(n-1) + W(n-2) \qquad \text{mit } W(1) = 1 \text{ und } W(2) = 2.$$

Damit sieht man, dass man die sog. Fibonacci–Folge als Lösung bekommt:

1, 2, 3, 5, 8, 13,....

Zu der Fibonacci-Folge gibt es eine Fülle weiterer generierender Probleme. Sie kann auch selbst Gegenstand für kleinere zahlentheoretische Untersuchungen sein.

Drei kleine Beispiele:

Welche Folgenglieder sind gerade, welche ungerade?

Es gilt folgende Summenformel: $a_1+a_2+...+a_n = a_{n+2} - 2$

Man zeige folgende Teilbarkeitsaussage: $m \mid n \Rightarrow a_{m-1} \mid a_{n-1}$

zu Aufg. 9

Mit dem Wegemodell gelangt man multiplikativ leicht zu der Antwort:

An jeder Stelle gibt es 3 Möglichkeiten und insgesamt 11 Stellen, d.h. $3\times3\cdot...\cdot3 = 3^{11}$. Interessanter wird es, wenn man weitere Lösungsmöglichkeiten sucht. Beispielsweise kann man einen solchen Tipp als eine 11-stellige Zahl im 3er-System auffassen (es kommen nur die Ziffern 0, 1, 2 vor).

Der "kleinste" Tipp ist die Zahl aus 11 Nullen, der "größte" Tipp diejenige, die an allen 11 Stellen eine 2 hat. Von der kleinsten bis zur größten Zahl gezählt, bekommt man

$$22222222222_3 + 1 = 100\,000\,000\,000_3 = 3^{11}\,.$$

Fragen wie : "Gibt es mehr vierstellige Zahlen im Dreiersystem oder mehr dreistellige Zahlen im Stellenwertsystem zur Basis 4?" sind weitere Aufgaben in diesem Kontext und lassen sich ebenfalls über das Wegemodell, aber genauso gut durch Abzählen im jeweiligen System lösen (s. auch Kap. 8 für eine systematische Behandlung von Stellenwertsystemen).

3. Aus der Geschichte der Mathematik: Zwei wichtige Entwicklungsstadien im Umgang mit Zahlen

Ein - wie in den vorhergehenden Abschnitten angedeutet - so vielschichtiges Konzept wie die Zahlen, ihre Operationen und Darstellungen macht auch historisch gesehen eine lange und vielfältige Entwicklung durch. Zwei wichtige Stationen in dieser historischen Entwicklung werden in diesem Abschnitt exemplarisch kurz skizziert.

In natürlicher Weise kommt bei diesen historischen Zahldarstellungen auch zum Ausdruck, dass natürliche Zahlen (0, 1, 2, 3, ...) und Bruchzahlen (1/2, 1/3, 2/3, ...) immer in ihren gegenseitigen Beziehungen gesehen werden. Die Zahldarstellungen umfassen immer beide Typen von Zahlen, aber eben in charakteristisch unterschiedlicher Zugangsweise.

Speziell zur gegenseitigen Abhängigkeit von gesellschaftlicher Entwicklung und Zahlbegriff findet man bei D. Spalt: Zur Genealogie der Zahlen, I und II. math. didact 9, 3 - 23 und 99 - 109 (1986) Materialien zusammengestellt, von denen einige im Folgenden verwendet sind.

3.1 Die Babylonier: Erstes Auftreten eines Positionssystems

Mit "die Babylonier" wird in der Mathematikgeschichte üblicherweise die Hochkultur im sog. Zweistromland Mesopotamien, also dem Gebiet zwischen Euphrat und Tigris bezeichnet, dabei ein wenig pauschal nicht zwischen verschiedenen Völkern, verschiedenen politischen Verhältnissen und einzelnen Epochen unterscheidend. Wichtig für unsere kurze Darstellung ist, dass sich dort spätestens um 3000 v. Chr. eine Schrift entwickelt hat, einschließlich verschiedener Zahlzeichen, die auf Tontafeln geschrieben und eingebrannt wurde. Dadurch ist relativ reiches Quellenmaterial vorhanden. Weiter ist festzuhalten, dass Mesopotamien als das Gebiet der Erde gilt, wo sich erstmals (ab ca. 3000 v. Chr.) hochdifferenzierte, arbeitsteilige, im gegenseitigen Handel stehende Stadtkulturen entwickelt haben. Das mag der gesellschaftlich begründete Anlass gewesen sein - z. B. wegen der Ermöglichung der Bezugnahme auf einen äquivalenten Silberwert -, dass sich etwa um 1800 v. Chr. einheitliche, von verschiedenen Maßsystemen unabhängige, also "abstrakte" Zahlen herausgebildet haben, die durch einheitliche Schreibweisen ausgedrückt wurden.

Als Zahlzeichen wurden "|" für eins und "<" (sog. Winkelhaken) für 10 verwendet. Dann lassen sich durch Nebeneinanderschreiben größere Zahlen ausdrücken:

||| für 3   <|||| für 14

<<<||| für 33   usw.

Der erste entscheidende Fortschritt bestand nun darin, dass dieses Nebeneinanderschreiben bei Zahlen über 60 durch eine Erhöhung des Stellenwerts ausgedrückt wird:

| <<|| für $1 \cdot 60 + 22 = 82$

||| <<<|||| für $3 \cdot 60 + 34 = 214$

Es handelt sich also um ein System mit 60 als Basiszahl. Im Vergleich zu unserer konsequenten Dezimalschreibweise fehlte allerdings eine unzweideutige Angabe der jeweiligen Position. Das geschieht bei uns durch Einfügen von Nullen für nicht besetzte Stellen. In der babylonischen Darstellung konnte man aber z. B.

<|| <<||

sowohl als $12 \cdot 60+22$, aber evtl. auch als $12 \cdot 60^2+22 \cdot 60$ lesen, der "Sinn" musste entscheiden; und in der Tat ist es ja meist so, dass der Kontext, in dem eine bestimmte Zahl auftritt, deren Größenordnung bereits weitgehend festlegt.. Dieser "Mangel" aus heutiger Sicht könnte aber - so jedenfalls D. Spalt im o.g. Aufsatz - auch die Entwicklung des Gedankens der 60-er - Brüche beschleunigt haben. Demnach könnte

<|| <<||

auch $12 + 22 \cdot (1/60)$ bedeuten, wo ja beide Stellenzahlen im gleichen gegenseitigen Verhältnis stehen wie bei $12 \cdot 60 + 22$. In der Tat wurde dies bei den Babyloniern so durchgeführt. Ein unserem "Komma" entsprechendes Zeichen fehlt natürlich ebenso wie die Null.

Mit dieser Zahldarstellung lässt sich - vermutlich erstmals in der Geschichte der Mathematik - ein <u>algorithmisches,</u> d. h. nach festen Regeln erfolgendes Rechnen durchführen, das erstmalige Auftreten des "Rechenzahlaspekts", um in der Terminologie von Abschnitt 1 zu bleiben. Für die Addition ist das Verfahren klar: Addition innerhalb zugehöriger Stellen, evtl. Übertrag. Für die Multiplikation und die Division bediente man sich verschiedener Tafeln oder Tabellen, in denen die benötigten Standard-Zwischenergebnisse aufgeschrieben waren. Zunächst gab es sogenannte "Reziprokentafeln", die die Kehrwerte von Zahlen enthielten. Mit heutigen Ziffern ausgedrückt sahen sie etwa so aus:

Reziprokentafel

2	30	zu lesen als 1/2=30/60=0,30
3	20	
4	15	zu lesen als 1/4=15/60=0,15
.		
.		
8	7'30	
9	6'40	zu lesen als $1/9=6/60+40/60^2$
.		
.		

Figur 3.1

Hinweis: Wir verwenden das "Komma" wie im Dezimalsystem und ' als Lesehilfe für das Trennen von "Ziffern", bedienen uns also einer "heutigen" Schreibweise. Es kommt uns ja hier nicht auf historische, quellengenaue Darstellungen an, sondern auf die mathematischen Aspekte, die diesen Rechenverfahren zugrundeliegen.

Man prüft die Reziprokentafel leicht nach: z. B. gilt tatsächlich:

$$7/60 + 30/60^2 = (7\cdot 60 + 30) : 60^2 = (7\cdot 2 + 1) : (2\cdot 60)$$
$$= 15/120 = 1/8,$$

wie angegeben.

Des Weiteren sind sogenannte "Vielfachentafeln" gefunden worden, die - jedenfalls für die im täglichen Leben oft als Maßangaben vorkommenden Zahlen - die Ergebnisse nach Multiplikationen wiedergeben.

Ein Beispiel: Vielfachentafel von 7'30

1	7'30	
2	15	
3	22'30	zu lesen als $3 \cdot 7'30 = 22'30$
.		
.		
7	52'30	
8	1	
9	1'7'30	
10	1'15	
11	1'22'30	
.		
.		
.		

Figur 3.2

Vielfachentafeln lassen sich leicht durch sukzessives Addieren herstellen. Vorteilhafterweise ist hierbei kein absoluter Stellenwert angegeben. Dann kann man nämlich den Eintrag 7 ... 52'30 mehrfach verwenden, z. B. so:

für $7 \cdot 7'30$ als $7 \cdot 450 = 52 \cdot 60 + 30 = 3150$ in Dezimalschreibweise.

für $7 \cdot 7{,}30$ als $7 \cdot 7{,}5 = 52 + 30/60 = 52{,}5$ in Dezimalschreibweise.

Das "Komma" ist also nur entsprechend der Aufgabe passend einzustellen. Nun lässt sich das Rechnen ganz nach festen Regeln durchführen, also vollständig algorithmisieren.

Wir zeigen das an einem Beispiel:

Rechnung	Kommentar
$11 : 8 = 11 \cdot (1/8)$	Verwandeln der Aufgabe
$= 11 \cdot 0{,}7'30$	in der Reziprokentafel bei 1/8 nachschauen
$= 1{,}22'30$	in der Vielfachentabelle für 7'30 beim Faktor 11 nachschauen und das "Komma" richtig einstellen.
$= 1+22/60 + 30/60^2$	Ergebnis im Dezimalsystem niedergeschrieben

Als Resultat dieser historischen Beobachtungen mag festgehalten werden: Rechnen war bei den Babyloniern algorithmisch einfach durchführbar, dank des Positionssystems. Es wurden bereits damals Hilfsmittel, wie z. B. verschiedene Tafeln, herangezogen. Rechenaufgaben erscheinen dann mechanisch lösbar, Zahlenoperationen erscheinen als Manipulationen an Zeichenreihen.

3.2 Die Ägypter: Rechnen mit Stammbrüchen

Auch im alten Ägypten entwickelte sich ca. 3000 v. Chr. eine Form der Schrift, die auf Papyrusrollen niedergeschrieben wurde. Dadurch konnten einerseits die Schriftzeichen viel differenzierter sein als auf den groben Tontafeln in Mesopotamien, andererseits fehlte dadurch der Druck, einfache, evtl. sich regelhaft wiederholende Zeichen zu verwenden. Vielmehr wurden hier jeweils eigene Zeichen für die Stufenzahlen erfunden:

I für 1 ∩ für 10 𓍢 für 100 usw.

Addieren geschieht wieder durch Nebeneinanderschreiben und evtl. Bündeln. Von den Multiplikationen ist damit zunächst nur das Verdoppeln einfach durchführbar.

Darauf baut das ägyptische Multiplikationsverfahren auf. Will man etwa $12 \cdot 23$ rechnen, so wird 23 sukzessive verdoppelt:

	1	23	(zu lesen: 1 mal 23 ergibt: 23)
	2	46	(zu lesen: 2 mal 23 ergibt: 46)
*	4	92	
*	8	184	
	12	276	

Kombiniert man nun in der linken Spalte die Multiplikatoren zur Summe 12 (also $8 + 4 = 12$, wie es mit * markiert ist), dann ist offenbar nur die entsprechende Summe in der rechten Spalte zu bilden, um das Ergebnis 276 zu erhalten. Zur Begründung, dass das Verfahren stets zum Ziel führt, hat man lediglich zu überlegen, dass tatsächlich jede natürliche Zahl als Summe von Zweierpotenzen darstellbar ist (Hinweis: jeweils die größtmögliche Zweierpotenz subtrahieren).

Beim Dividieren kann man das gleiche Verfahren anwenden, man muss nur "umgekehrt" denken. Wir nehmen die gleiche Rechnung wie im Beispiel oben: $276 : 23 = 12$. Dieses Ergebnis ist aus dem obigen Schema so zu erhalten: Aus der fortlaufenden Verdopplung des Divisors 23

	1	23	zu lesen: 23:23 = 1
	2	46	zu lesen: 46:23 = 2
*	4	92	
*	8	184	
	12	276	

ist nun in der rechten Spalte der Zähler 276 als Summe zu kombinieren. Das entsprechende Ergebnis links liefert den Quotienten.

Nun geht aber bekanntlich nicht jede Division auf. Wir versuchen es mit 31:5 zunächst nach dem üblichen Schema:

1	5	
2	10	
4	20	
	31	kann hier nicht kombiniert werden!

Die Ägypter erfanden zur Lösung dieses Problems eine Notation für die "Stammbrüche", 1/2, 1/3, 1/4, ...

Sie notierten über die jeweiligen Zahlzeichen ein Kringel, also der Reihe nach:

o　　o　　o
II　　IIII　　IIIII　　usw.

Mit diesen "Zahlen" lässt sich nun aber das Verfahren fortsetzen:

1	5		zu lesen 5:5 = 1
2	10	*	
4	20	*	
1/5	1	*	zu lesen: 1:5 = 1/5
6 + 1/5	31		

Die Zahl 6 1/5 blieb dann wie angeschrieben stehen:

　　　　o
IIIIII　　IIII

Offenbar fehlt der ägyptischen Darstellung von Brüchen die strenge Systematik der Babylonier. Brüche konnten nur als Summe von Stammbrüchen (und als Spezialfall auch noch 2/3) dargestellt werden. Aber diese Darstellung ist nicht eindeutig. Beispielsweise sind

$$1 + 1/3 + 1/12 = 1 + 1/4 + 1/6 = 1 + 1/4 + 1/8 + 1/24$$

drei für die Ägypter verschiedene Darstellungen ein und derselben Zahl, nämlich 17/12. Dadurch sind die ägyptischen Rechenverfahren viel schwieriger zu durchschauen und zu handhaben als die babylonischen. Entsprechend konnte man nur gut rechnen, wenn man bereits Wissen über einige Zwischenergebnisse hatte, wenn man Tricks anwenden konnte, wenn man sich überhaupt sehr flexibel und offen für ad-hoc-Entscheidungen hielt.

Dies zeigt besonders schön die Rechnung des "Problems 70" aus dem sog. Papyrus Rhind oder dem Ahmes-Papyrus. Dort wird - man vermutet, dass es sich um Übungsaufgaben eines Rechenschülers handelt - die Rechnung

$$100 : (7 + 1/2 + 1/4 + 1/8)$$

vorgeführt (vgl. Boyer, S. 16).

Rechnung			Kommentar
1	7 + 1/2 + 1/4 + 1/8		Ziel muss es sein, in der rechten Spalte 100 als Summe zustande zu bringen.
2	15 + 1/2 + 1/4		
4	31 + 1/2	*	
8	63	*	bis hierher die übliche Verdopplung
2/3	5 + 1/4	*	das war entweder bekannt oder wurde durch Nebenrechnung oder Tafel gefunden, z. B. aus (15 + 1/2 + 1/4) : 3 folgendermaßen:

1	3	*
2	6	
4	12	*
1/6	1/2	*
1/12	1/4	*
5+1/4	15+1/2+1/4	

12+2/3	99+1/2+1/4 = 100–1/4		Bis hierher lässt sich also genau 1/4
weni-			ger als die ge-wünschten 100 kombinieren. Man sucht also, wie man 1/4 rechts in der linken Spalte ergänzen muß.
2/63	1/4		Aus der 4. Zeile liest man 8·(7+...) = 63 ab. Also ist (2/63)·(7+...) = 1/4
1/42 + +1/126	1/4	*	2/63 ist aber bekannt aus Tafeln, die es für 2/x gab, als 1/42 + 1/126.
	100		
12 + 2/3 + 1/42 + 1/126			damit ergibt sich das Ergebnis: alle mit * markierten Zeilen in der linken Spalte addieren.

Es wird sichtbar, dass hier kein effektives und universell einsetzbares Verfahren angewandt wird. Die Gründe liegen in der mathematischen

Sackgasse, in die das Konzept der Darstellung von Brüchen als Summe von Stammbrüchen führt. So betrieben, muss das Rechnen eine Geheimwissenschaft bleiben. Tatsächlich sind die Ägypter nicht zu tieferen strukturellen Einsichten in den Bereich der Zahlen vorgedrungen und das Rechnen blieb einer Kaste von Eingeweihten vorbehalten.

3.3 -R- Kann man aus der Geschichte lernen?

Sicher kann man keine alternativen Verfahren aus der Geschichte einfach in unsere Situation übernehmen, wenngleich manches recht geschickt erscheinen mag (z. B. die ägyptische Multiplikation, auch als "russische Bauernregel" bekannt). Der Hauptgewinn der Beschäftigung mit der Mathematikgeschichte liegt vielmehr darin, dass man

- etwas über die historische und gesellschaftliche Bedingtheit mathematischer Verfahren erfährt,

- einsehen lernt, dass mathematische Verfahren erst nach einer Vielzahl von Versuchen, Irrwegen, Ansätzen zu der heute so standardisiert erscheinenden Form gefunden haben,

- den eigenen mathematischen Standpunkt als relativ begreifen lernt,

- Fehlversuchen beim Lernen offener und aufgeschlossener gegenübertreten kann.

Hinzu kommt in unserer eigentlich a-historischen Darstellung - wir vermischten nämlich laufend moderne Schreibweisen und alte Denkweisen - ein weiterer auf das Lernen heute bezogener Aspekt: Beschäftigung mit diesen für uns seltsam erscheinenden Rechenverfahren kann zu einem Reflektieren über die uns so geläufigen Algorithmen führen. Man muss sich nämlich jeweils genau überlegen, welche Rechenschritte wie in ein anderes System übertragbar sind. Dies sollte der Hauptübungseffekt bei den nachfolgenden Aufgaben sein.

Lesehinweise: Ausführliches über die Geschichte der Mathematik kann man im folgenden, auch preislich sehr günstigen Buch lesen:

Boyer, C.B.: A history of mathematics. Princeton University Press 1985 (paperback).

Weiteres zu Herkunft, Schreibweisen, Benutzung von Zahlen findet man bei:

Menniger, K.: Zahlwort und Ziffer - Eine Kulturgeschichte der Zahl (2 Bände). Göttingen: Vandenhoek & Ruprecht 1979 (3. Aufl.).

Ifrah, G.: Universalgeschichte der Zahlen. Frankfurt, New York: Campus-Verlag 1989

Aufgaben zu Kapitel 3

1) Babylonisches Rechnen

Eine "Reziprokentafel"

2 igi 30		1/2 = 30/60 = 0,30	
3 igi 20	kann gelesen	1/3 = 20/60 = 0,20	
4 igi 15	werden als	1/4 = 15/60 = 0,15	
5 igi 12		1/5 = 12/60 = 0,12	
9 igi 6'40		1/9 = 6/60 + 40/602	= 0,6'40
27 igi 2'13'20		1/27 = 2/60 + 13/602 + 20/603	= 0,2'13'20

"igi" bedeutet hier inhaltlich "Kehrwert"

2 igi = Kehrwert von 2 im 60er-System

Vervollständigen Sie die Tabelle für

6 igi...,8 igi...,10 igi..,12 igi..,15 igi..,24 igi..,32 igi..,40 igi..,

2) Bei der Entwicklung in 60er-Brüche treten auch periodische Entwicklungen auf.
Wandeln Sie $\frac{1}{7}$ bzw. $\frac{1}{26}$ in einen 60er-Bruch um. Rechnen Sie, bis eine Periode erkennbar wird.

3) Beweise:
Alle Entwicklungen von $\frac{1}{n}$ in einen 60er-Bruch sind endlich, sofern n nur aus den Primzahlen 2, 3, oder 5 aufgebaut ist.

Alle Entwicklungen von $\frac{1}{n}$ in einen 60er-Bruch sind reinperiodisch, sofern n weder 2 noch 3 oder 5 als Primteiler besitzt.

Prüfen Sie diese Behauptungen an Beispielen:

$$\frac{1}{800}, \quad \frac{1}{22}, \quad \frac{1}{13}, \quad \frac{1}{35}, \quad \frac{1}{225}.$$

Vergleichen Sie auch entsprechende Regeln bei Dezimalbrüchen!

4) Eine "Vielfachentafel" ("a-ra" bedeutet "mal")

2.30	a-ra	1	2.30		
		2	5		
		3	7.30		
		8	20	kann gelesen werden als	8·2.30 = 20 (im 60er-System)
		10	25		8·2,5 = 20 (dezimal)

Stellen Sie selbst eine Vielfachentafel für 1'20, 2'45 bzw. 4'15'32 her.

5) Berechnen Sie durch Ausnutzung der schon aufgestellten Tafeln - so weit möglich - folgende Aufgaben im 60er-System: 8:24, 18:40, 23:32, 99:240

6) Russische Bauernmethode

Bei einem Produkt a·b wird von	~~46 * 27~~
Zeile zu Zeile der 1. Faktor hal-	23 * 54
biert, der 2. Faktor verdoppelt.	11 * 108
Beim Halbieren des 1. Faktors wird	5 * 216
jeweils nur der ganze Bestandteil	~~2 * 432~~
in die nächste Zeile übernommen.	1 * 864
Zeilen mit geradem 1. Faktor wer-	
den gestrichen. Das Verfahren endet,	1242
wenn der erste Faktor 1 wird.	

Die Summe der nicht gestrichenen zweiten Faktoren gibt das Ergebnis.

a) Rechnen Sie auf diese Weise: 67·38

b) Geben Sie eine Begründung für das Verfahren.

c) Bei welchen Aufgaben bleibt nach dem Streichen nur die letzte Zeile stehen?

d) Bei welchen Aufgaben kann keine Zeile gestrichen werden?

7) Stammbrüche

Stammbrüche sind Brüche von der Form $\frac{1}{n}$, $(n \geq 2)$

a) Versuchen Sie, Brüche (<1) als Summe von verschiedenen Stammbrüchen zu schreiben, z.B.

$$\frac{7}{12}, \quad \frac{5}{7}, \quad \frac{11}{16}, \quad \frac{9}{23}.$$

b) Eine Darstellung eines Bruches durch eine Summe von Stammbrüchen ist nicht eindeutig (Beispiele?). Wie ist das bei folgendem Verfahren?

Von dem Bruch (z.B. $\frac{5}{11}$) wird der größte Stammbruch gesucht, der enthalten ist,
im Beispiel $\frac{1}{3}$:

$$\frac{5}{11} = \frac{1}{3} + \frac{4}{33}.$$

Mit dem Restbruch $\frac{4}{33}$ verfahre man ebenso, usw.

$$\frac{5}{11} = \frac{1}{3} + \frac{1}{9} + \frac{1}{99}$$

Prüfen Sie, ob Sie für die Beispiele bei a) dieselben Entwicklungen nach diesem Verfahren bekommen hätten!

Wie bekommt man jeweils den größten Stammbruch, der enthalten ist?

Warum führt dieses Verfahren zu einer Zerlegung in Stammbrüche, die eindeutig ist? Rechnen Sie weitere Beispiele: $\frac{6}{7}, \frac{10}{11}, \frac{12}{17}$.

Kommentar

Mit den Aufgaben zu diesem Kapitel werden einmal die rechnerischen Fertigkeiten betont, zum anderen sollen in Analogie zur Dezimalbruchentwicklung entsprechende Aussagen über 60er-Brüche bestätigt werden. Auch die Aufgaben zur Multiplikation kann man mit nichtdekadischen Stellenwertsystemen in Verbindung bringen. Systematisch werden solche Fragen aber erst in Kap. 8 angesprochen.

zu Aufg. 1

Wenn man nicht sehr schnell sieht, dass ein Bruch aus solchen Brüchen zusammensetzbar ist, deren 60er-Entwicklung man schon kennt, empfiehlt sich immer Methode 1. Bei ihr wird der Ausgangsbruch mit 60 erweitert und dann so additiv zerlegt, dass nach einem Kürzen ein Teilbruch nur eine Potenz von 60 im Nenner besitzt. Den anderen Teilbruch erweitert man wieder mit 60, usw.

Methode 1 (immer anwendbar)

$$\frac{1}{32}=\frac{60}{32\cdot 60}=\frac{32}{32\cdot 60}+\frac{28}{32\cdot 60}=\frac{1}{60}+\frac{28\cdot 60}{32\cdot 60^2}=\frac{1}{60}+\frac{52}{60^2}+\frac{16}{32\cdot 60^2}$$

$$=\frac{1}{60}+\frac{52}{60^2}+\frac{30}{60^3}=0{,}1'\,52'\,30$$

Eine weitere Schreibweise, die sich mehr an die Division mit Rest anlehnt (siehe auch Kap.8, Satz über die Dezimalbruchentwicklung) sieht so aus:

$$\frac{1}{32}=0+\frac{1}{32}$$

$$60\cdot\frac{1}{32}=1+\frac{28}{32}$$

$$60\cdot\frac{28}{32}=52+\frac{16}{32}$$

$$60\cdot\frac{16}{32}=30$$

Methode 2 (wenn der zu entwickelnde Bruch aus schon bekannten Brüchen "einfach" zu berechnen ist)

$\frac{1}{2}=\frac{30}{60}$ = 0,30

$\frac{1}{4}=\frac{1}{15}$ = 0,15

$\frac{1}{8}=0{,}15:2$ = 0,14:2'60:2 = 0,7'30

$\frac{1}{16}$ = 0,3'45

$\frac{1}{32}$ = 0,1'105:2 = 0,1'52'60:2 = 0,1'52'30

zu Aufg. 2

Eine Entwicklung eines Bruches nennt man (rein-)periodisch, wenn sich ein Anfangsabschnitt der Ziffernfolge ständig wiederholt. Die minimale Anzahl von Ziffern, die diesen Anfangsabschnitt definiert, heißt die Länge der Periode.

Beispiel: Eine Entwicklung von $\frac{1}{7} = 0,\overline{8'34'17}$ kann man natürlich auch als $\frac{1}{7} = 0,\overline{8'34'17'8'34'17}$ schreiben; trotzdem ist die Periodenlänge 3.

Schreibt man die Entwicklung so,

$$\frac{1}{7} = 0,8'34'17'\overline{8'34'17} = \frac{8}{60} + \frac{34}{60^2} + \frac{17}{60^3} + \frac{1}{60^3} \cdot \frac{1}{7} = \frac{30857}{60^3} + \frac{1}{60^3} \cdot \frac{1}{7} \quad \textit{also}$$

$$\frac{1}{7} \cdot \frac{60^3 - 1}{60^3} = \frac{30857}{60^3} \qquad \textit{oder} \qquad \frac{60^3 - 1}{7} = 30857 \in Z$$

bekommt man aus dem letzten Term eine Teilbarkeitsaussage für den Nenner des zu entwickelnden Bruches.

Weitere Untersuchungen an periodischen Entwicklungen lassen die Vermutung aufkommen, dass immer dann $\frac{1}{a}$ eine periodische Entwicklung besitzt, wenn für ein $n \in \mathbf{N}$ gilt:

$$a \mid 60^n - 1 \qquad \text{oder anders notiert} \qquad \frac{60^n - 1}{a} = A \in Z.$$

$$\frac{1}{a} = \frac{60^n - 1}{a} \cdot \frac{1}{60^n} + \frac{1}{60^n} \cdot \frac{1}{a} \qquad \Rightarrow \qquad \frac{1}{a} = \frac{A}{60^n} + \frac{1}{60^n} \cdot \frac{1}{a}$$

Will man tiefer in die Theorie einsteigen, muss man einen zahlentheoretischen Satz (Satz von Fermat-Euler) bemühen. Speziell für unser Beispiel bedeutet er:

$$\text{Wenn } (a,60) = 1 \qquad \text{dann gilt} \qquad a \mid 60^{\varphi(a)} - 1,$$

wobei $\varphi(a)$ die Anzahl der zu a teilerfremden Zahlen $\leq a$ bedeutet.

$$(7,60) = 1, \qquad \varphi(7) = 6 \qquad \Rightarrow \qquad 7 \mid 60^6 - 1$$

Mit $60^6 - 1 = (60^3 - 1) \cdot (60^3 + 1)$ und $7 \mid 60^3 - 1$ wird die Periodenlänge 3. Diese allgemeine Aussage soll in Aufgabe 3 an Beispielen verifiziert werden.

zu Aufg. 3

Hier geht es weniger um eine präzise Begründung dieser Regeln, vielmehr um ein Verifizieren an Beispielen und um ein Auffrischen analoger Regeln bei der Dezimalbruchentwicklung.

Beispiel zur endlichen Entwicklung:

$$\frac{7}{18}=\frac{7}{2\cdot 3^2}=\frac{7\cdot 2^3\cdot 5^2}{2\cdot 3^2\cdot 2^3\cdot 5^2}=\frac{1400}{3600}=\frac{23\cdot 60}{60^2}+\frac{20}{60^2}=\frac{23}{60}+\frac{20}{60^2}= 0{,}23'20$$

Da nur die Primzahlen 2, 3 oder 5 vorkommen, kann man so erweitern, dass im Nenner eine Potenz von 60 steht.

Beispiel mit Vorperiode:

Das Beispiel demonstriert das Vorgehen, wie man auch für den allg. Fall den Beweis dieser Regel aufschreiben würde.

$$\frac{25}{126}=\frac{25\cdot 2^3\cdot 5^2}{2\cdot 3^2\cdot 7\cdot 2^3\cdot 5^2}=\frac{5000}{7\cdot 60^2}=\frac{11\cdot 7\cdot 60}{7\cdot 60^2}+\frac{7\cdot 54}{7\cdot 60^2}+\frac{2}{7\cdot 60^2}=\frac{11}{60}+\frac{54}{60^2}+\frac{1}{60^2}\cdot\frac{2}{7}$$

$$\frac{2}{7}=0{,}\overline{17'\,8'\,34}$$

$$\frac{25}{126}=0{,}11'\,54'\,\overline{17'\,8'\,34}$$

Ein Beispiel mit einer reinperiodischen Entwicklung findet man bei der Aufgabe 2. Was in der Regel für Stammbrüche formuliert wird, gilt gleichermaßen für alle Brüche. Die Analogie zur Dezimalbruchentwicklung sieht so aus, dass man jeweils nur auf die Primzahlen achten muss, die 10 bzw. 60 teilen. Daher spielen bei 60er-Brüchen die Primzahlen 2,3 und 5 die Sonderrolle, die 2 und 5 bei den dezimalen Brüchen einnehmen.

zu Aufg. 4 und 5

Hat man durch Lösungen vorstehender Aufgaben passende Vielfachentafeln, kann man auf diese zurückgreifen. Manchmal kann man kürzen und dadurch die Aufgabe vereinfachen oder zumindest als Proberechnung einsetzen.

Ist $\frac{1}{n}$ schon entwickelt und sucht man eine Entwicklung für $\frac{x}{n}$, kann man stellenweise mit dem Zähler hineinmultiplizieren und danach die Zahldarstellung wieder bereinigen.

$$\frac{25}{32} = 25 \cdot 0,1'\,52'\,30 = 0,1 \cdot 25'\,52 \cdot 25'\,30 \cdot 25 = 0,56'\,40'\,30$$

zu Aufg. 6

a) Die schlichteste Variante für die Richtigkeit einer solchen Methode kann man sich etwa so vorstellen:

Eine Aufgabe der Form a·b soll gerechnet werden.

1) Ist a gerade, wird diese Aufgabe in der nächsten Zeile als $\frac{a}{2} \cdot 2b$ notiert und die ursprüngliche Aufgabe gestrichen.

2) Ist a ungerade, steht $\frac{a-1}{2} \cdot 2b$ in der nächsten Zeile. Da in diesem Fall die obere Zeile nicht gestrichen wird, wird der Verlust, nämlich b, durch die spätere Addition aller nicht-gestrichenen rechten Faktoren wieder ausgeglichen. Diese Überlegung kann man an jeder Stelle des Verfahrens wiederholen.

In der letzten Zeile steht auf diese Weise rechts neben der 1 das Ergebnis der Aufgabe, das man eventuell durch die nacheinander entstandenen Fehler von Zeile zu Zeile vermehren muss.

b) Sieht man sich ein Beispiel etwas genauer an, so erkennt man weitere Zusammenhänge.

Beispiel:	*37*	·	*25*
	~~*18*~~	~~·~~	~~*50*~~
	9	·	*100*
	~~*4*~~	~~·~~	~~*200*~~
	~~*2*~~	~~·~~	~~*400*~~
	1	·	*800*

Addition der rechten Faktoren: 925

Welche Vielfachen der 25 werden zum Ergebnis addiert?

$$1 \cdot 25 + 4 \cdot 25 + 32 \cdot 25 = (1+4+32) \cdot 25 = 37 \cdot 25$$

Der Zusammenhang mit dem Zweiersystem ist so nicht zu übersehen. Erinnert man sich an einen Übersetzungsalgorithmus vom 10er- ins 2er-System (vgl. Kap. 8), so findet man dasselbe Schema:

37	18	1	37 ·	25		37 = 18·2+1
18	9	0	~~18 ·~~	~~50~~		18 = 9·2+0
9	4	1	9 ·	100		9 = 4·2+1
4	2	0	~~4 ·~~	~~200~~		
2	1	0	~~2 ·~~	~~400~~		
1	0	1	1 ·	800		

Dort, wo die Zahldarstellung von $37_{10} = 100101_2$ im Zweiersystem eine Null hat, wird die entsprechende Zeile gestrichen. Ansonsten wird distributiv multipliziert.

$$(1 \cdot 2^5 + 1 \cdot 2^2 + 1 \cdot 2^0) \cdot 25 = 37 \cdot 25.$$

zu Aufg. 7

Eine einfache Strategie bei der Umwandlung eines echten Bruches in eine Summe von Stammbrüchen besteht darin, dass man versucht, die jeweiligen Zähler in eine Summe verschiedener Teiler des Nenners zu zerlegen.

Beispiel:

$$\frac{17}{24} = \frac{8+6+3}{24} = \frac{1}{3} + \frac{1}{4} + \frac{1}{8}$$

$$\frac{11}{16} = \frac{8+2+1}{16} = \frac{1}{2} + \frac{1}{8} + \frac{1}{16}$$

Gelingt das nicht sofort, hilft manchmal ein geeignetes Erweitern:

$$\frac{6}{7} = \frac{24}{28} = \frac{14+7+2+1}{28} = \frac{1}{2} + \frac{1}{4} + \frac{1}{14} + \frac{1}{28}$$

$$\frac{3}{7} = \frac{6}{14} = \frac{1}{7} + \frac{4}{14} = \frac{1}{7} + \frac{12}{42} = \frac{1}{7} + \frac{7+3+2}{42} = \frac{1}{7} + \frac{1}{6} + \frac{1}{14} + \frac{1}{21}$$

Will man eine Methode, die ohne viel Probieren immer anwendbar ist, so spaltet man jeweils den größten Stammbruch ab.

Für den größten enthaltenen Stammbruch $\frac{1}{n}$ *in* $\frac{a}{b}$ gilt:

$$\frac{1}{n} < \frac{a}{b} < \frac{1}{n-1} \quad oder \quad (*) \quad n \cdot a > b > (n-1) \cdot a$$

d.h. man sucht das erste Vielfache von a, das oberhalb von b liegt.

Das Verfahren bricht nach endlich vielen Schritten ab. Beobachtbar ist, dass von Schritt zu Schritt die jeweiligen Zähler der Brüche, die nach dem Abspalten als Reste übrigbleiben, kleiner werden. D.h.: irgendwann muss ein

Zähler den Wert 1 annehmen. Der Nachweis für diese Tatsache ist allerdings etwas subtiler:

Sei $\frac{1}{n}$ der größte Stammbruch in $\frac{a}{b}$. Es gilt: $\frac{a}{b} = \frac{1}{n} + \frac{n \cdot a - b}{b \cdot n}$

Aus der rechten Hälfte von (*) b > (n-1)·a gewinnt man a > n·a–b,

aus der linken Hälfte n·a > b, dass n·a–b > 0 ist.

Insgesamt heißt das:

Nach dem Abspalten eines größten Stammbruches ist der neue Zähler n·a–b kleiner als der Zähler a im Schritt davor, bleibt aber positiv. Eine streng fallende Folge natürlicher Zahlen endet jedoch nach endlich vielen Schritten bei 1. Damit hat man einen Zähler 1 und so den letzten Stammbruch.

4. Zahlen und Muster

Die Überlegungen zum strukturierten Zählen in Kap. 2 fußten darauf, dass die zu zählende Gesamtheit entweder bereits in einer bestimmten Figuration vorlag, oder dass der zu zählenden Menge eine solche "Struktur" aufgeprägt wurde. Bündelungs- und Sortierstrategien, z. B. beim Geldzählen, werden dabei im Allgemeinen als nicht-geometrisch empfunden, die Mehrzahl der Strukturierungen sind aber eindeutig geometrischer Art, also "Muster". Da das Ausnutzen solcher Muster das Zählen erleichtert, eröffnen die in 1.3 skizzierten Gedanken zugleich eine weitere Perspektive der Untersuchung von Mustern: aus ihnen lassen sich Gesetze für das Rechnen mit Zahlen "herleiten", denn jede Theorie über die Zahlen muss diese elementaren Operationen mit strukturierten Mengen widerspiegeln und zulassen. Dies wird im nächsten Kapitel vorgenommen; in diesem Kapitel geht es um eine exemplarische Untersuchung einiger spezieller, geometrischer Muster.

4.1 Dreieckszahlen, Quadratzahlen, Sechseckzahlen, Kubikzahlen: Definitionen und einfache Eigenschaften

Als <u>Dreieckszahlen</u> D_1, D_2, D_3, ... sollen die Anzahlen von Punkten in dreiecksförmigen Anordnungen verstanden werden. Es gilt also für die ersten 5 Werte:

				o
			o	o o
		o	o o	o o o
	o	o o	o o o	o o o o
o	o o	o o o	o o o o	o o o o o
$D_1 = 1$	$D_2 = 3$	$D_3 = 6$	$D_4 = 10$	$D_5 = 15$

Figur 4.1

Offenbar setzen sich die Dreieckszahlen so zusammen, dass jeweils die Summe aller natürlichen Zahlen bis zu einer bestimmten Stelle zu bilden ist (vgl. entweder Spalten oder Zeilen der Figuren). Geometrisch gesprochen liegen also "Treppen" vor.

Somit gilt: $D_n = 1 + 2 + 3 + ... + n$

Quadratzahlen lernt man in der Schule gewöhnlich unter rein arithmetischem Aspekt als 1·1, 2·2, 3·3, 4·4, ... und vergißt oft, dass der Name auf eine geometrische Konfiguration zurückgreift:

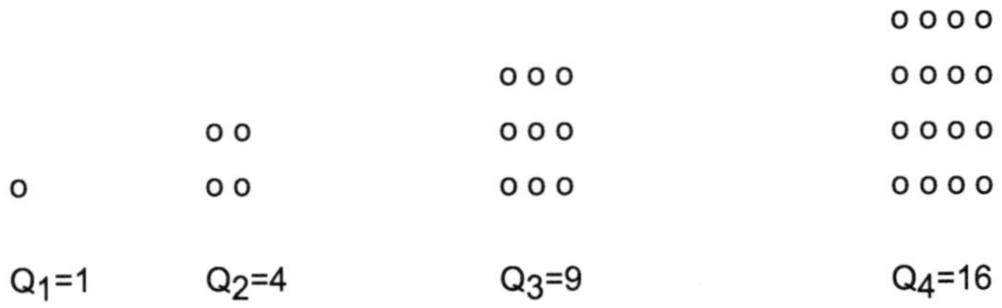

Figur 4.2

Hier hat man also unmittelbar eine "Formel", um Q_n anzugeben: $Q_n = n^2$

Statt dreieckiger oder quadratischer Anordnung läßt sich auch ein sechseckiges Muster betrachten:

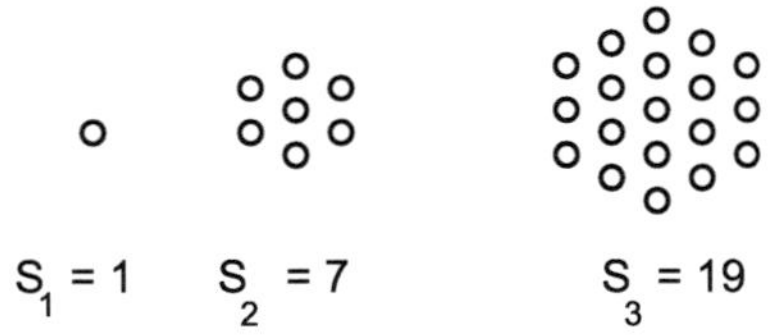

Figur 4.3

Diese Muster entstehen dadurch, dass man um jedes bereits entstandene 6-Eck ein weiteres, mit einer um 1 erhöhten Seitenlänge herumlegt. Die entsprechenden Anzahlen von Punkten sind die Sechseckzahlen.

Man könnte nun versuchen, die Sechseckmuster so zu zählen, dass man eine "Formel" für die Sechseckzahlen erhält. Wir machen einen ersten, bewußt "uneleganten" Versuch, indem wir zeilenweise abzählen:

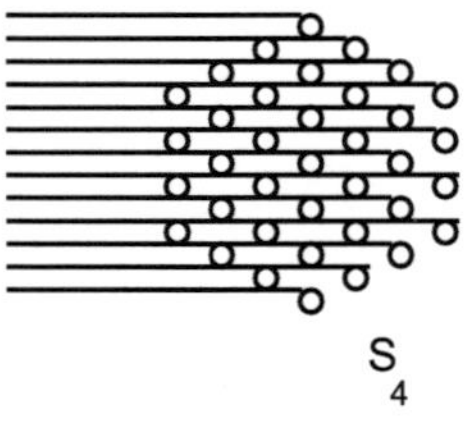

Figur 4.4

$S_1 = 1$

$S_2 = 1 + 2 + 1 + 2 + 1$

$S_3 = 1 + 2 + 3 + 2 + 3 + 2 + 3 + 2 + 1$

$S_4 = 1 + 2 + 3 + 4 + 3 + 4 + 3 + 4 + 3 + 4 + 3 + 2 + 1$

Es wird bereits eine Regelmäßigkeit sichtbar. "Oben" und "unten" befindet sich jeweils ein Dreieck und dazwischen wechseln sich Zeilen mit voller Besetzung und Zwischenzeilen mit jeweils einem Element weniger ab. Dieses Muster beschreibt genau den zeilenweisen Aufbau eines Sechsecks.

Die n-te Sechseckzahl kann daher folgendermaßen zusammengesetzt gedacht werden: Zuerst und am Ende des Zählens ergeben sich Dreieckszahlen. Dazwischen treten die kürzeren Zwischenzeilen (n-1)-mal, die voll besetzten Zeilen (n-2)-mal auf; denn an der Längsseite des Sechsecks befinden sich n Elemente, aber zwei davon sind schon bei den Dreiecken mitgezählt.

$$S_n = 1+2+...+n+((n-1)+n+...+n+(n-1))+n+...+2+1 =$$

$$= 2 \cdot D_n + (n-1) \cdot (n-1) + (n-2) \cdot n = 2 \cdot D_n + 2(n-1)^2 - 1$$

Übrigens: Die "Berechnung" der letzten Zeile muß nicht algebraisch, sondern kann ebenfalls unter Ausnutzung von Mustern erfolgen. Es sind nämlich zwei Rechteckmuster $(n-1) \cdot (n-1)$ und $(n-2) \cdot n$ zu addieren.

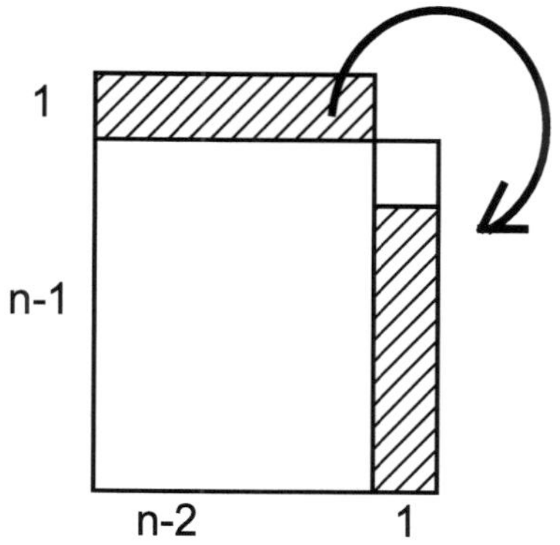

Figur 4.5

Da der schraffierte Überstand über das $(n-1) \cdot (n-1)$ - Quadrat nach rechts gelegt werden kann und dabei genau 1 Feld übrigbleibt, füllen beide Anteile das Quadrat doppelt aus, bis auf einen Rest von 1.

- R - Im nächsten Abschnitt wird die Anzahl der Elemente im Sechseckmuster noch eleganter gewonnen. Hier zeigt sich schon ein Charakteristikum des Umgehens mit Mustern: Verschiedene Sichtweisen ergeben verschiedene Zählstrategien und dies verschiedene Weisen, ein arithmetisches Ergebnis zu gewinnen. Man kann (und soll!) dann also abwägen, welche der Vorgehensweise in einem bestimmten Zusammenhang vorzuziehen ist - wieder einmal: Mathematik ist nicht die Wissenschaft mit den "ein für allemal richtigen Verfahren und Ergebnissen"!

Geometrische Muster müssen nicht auf die Ebene beschränkt werden. Die geläufigste räumliche Konfiguration ist der Würfel. Ordnet man Punkte ("Kügelchen") in Würfelform an, dann ergeben sich die Kubikzahlen:

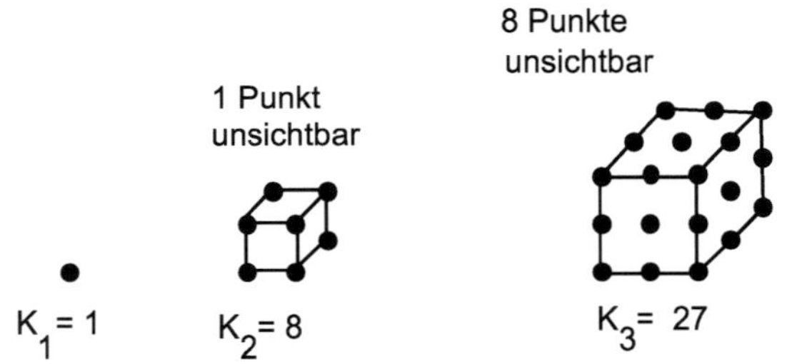

Figur 4.6

Offenbar ergibt sich $K_n = n^3$ als allgemeine Formel.

4.2 Beziehungen zwischen verschiedenen Mustern

Genauere Informationen über die soeben definierten Zahlen, die auf geometrische Muster zurückgehen, gewinnt man dadurch, dass man mögliche Beziehungen und Verbindungen zwischen diesen Konfigurationen oder innerhalb der Muster selbst untersucht. Auch dabei ist wieder zu beachten, dass man vielerlei Möglichkeiten zu derartigen Analysen hat.

Eine einfache Beziehung besteht zwischen den Dreieckszahlen und den Quadratzahlen. Ein Quadrat zerfällt nämlich in zwei Dreiecke, wenn man es ein wenig oberhalb der Diagonale trennt. Man beachte, dass die einzelnen Punkte als untrennbare Elemente angesehen werden, und deshalb eine Teilung auf der Diagonalen unsinnig wäre.

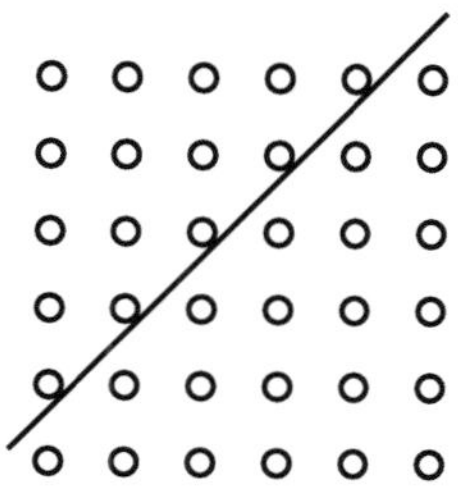

Figur 4.7

Man liest dann unmittelbar ab: $Q_n = D_{n-1} + D_n$

Andererseits weiß man von der Summendarstellung

$$D_n = 1+2+...+(n-1) +n, \text{ dass } D_n = D_{n-1} +n \text{ gilt.}$$

Somit ergibt sich $Q_n = 2 \cdot D_{n-1} + n$, und hieraus folgt

$$D_{n-1} = \frac{1}{2}(n^2-n) = \frac{1}{2} n(n-1).$$

Da man in einer Formel lieber D_n selbst stehen haben will, kann man den Index um 1 verschieben:

$$D_n = 1+2+...+n = \frac{1}{2}\cdot(n+1)n$$

Um zu unterstreichen, dass verschiedene Argumentationen möglich sind, werde diese Beziehung nochmals auf andere Weise hergeleitet. Legt man zwei gleiche Dreiecksmuster mit jeweils D_n Punkten (eines mit "•", eines mit "o" als den Elementen) zusammen, dann ergibt sich ein Rechteck mit den Seitenlängen n und (n+1).

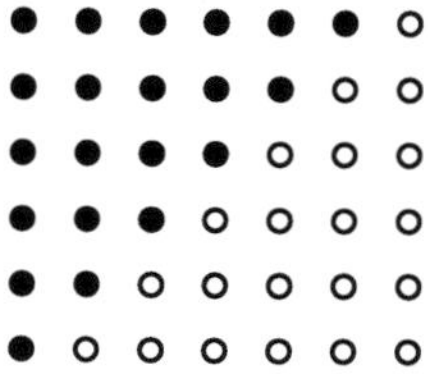

Figur 4.8

Also kann man auch direkt von $D_n + D_n = n\cdot(n+1)$ auf $D_n = \frac{1}{2}\cdot n\cdot(n+1)$ schließen. Weitere Varianten dieser Argumentation sind möglich; vgl. für einige davon die folgenden Übungen.

Oft gewinnt man interessante Informationen, wenn man den Prozess des Aufbauens von Mustern genau nachvollzieht. Die Quadratzahlen kann man sich z. B. so der Reihe nach aufbauen: Um jede schon gezeichnete Quadratanordnung legt man eine weitere Schicht herum:

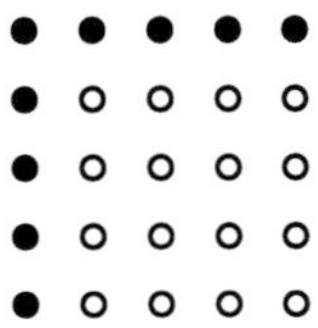

Figur 4.9

Dies drückt sich demnach so aus: $Q_{n+1} = Q_n + n + n + 1 = n^2 + 2n + 1$. Damit haben wir einerseits die wohlbekannte "binomische Formel" geometrisch hergeleitet. Andererseits galt dieser Aufbauprozeß ja schon von Anfang an, nämlich ab $Q_1 = 1$. Stets wurden ungeradzahlig viele Punkte - und zwar kommen aufeinanderfolgend alle ungeraden Zahlen vor - um das schon bestehende Quadrat herumgelagert. Es gilt also:

$$(n+1)^2 = 1+3+5+...+(2n+1)$$

Diese Beziehung war schon den griechischen Mathematikern bekannt, die die im rechten Winkel angeordneten Punktreihen "Gnomone" = winkelförmige Anordnungen nannten.

Wie ist der Aufbau der Kubikzahlen? Den nächstgrößeren Würfel erhält man offenbar dadurch, dass man eine zusätzliche "Schicht" um 3 Flächen des bereits bestehenden Würfels legt:

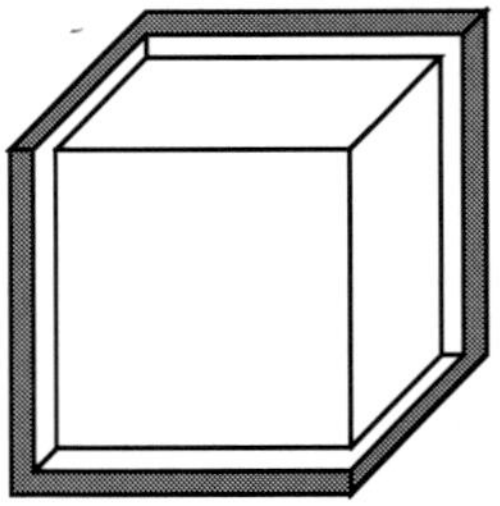

Figur 4.10

Jede Kantenlänge erhöht sich dann nämlich um 1. Wie viele Punkte sind hierbei hinzugekommen? Wie sieht das Punktmuster der hinzugefügten Schicht aus?

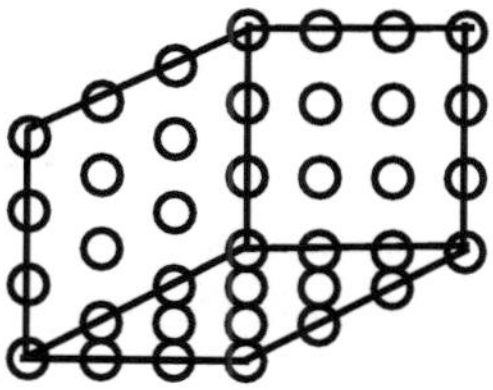

Figur 4.11

Bis auf eine Verzerrung, die das Zeichnen im Schrägbild mit sich bringt, ist diese Figur genau die Sechseckkonfiguration, die in 4.1 betrachtet wurde. Es ergibt sich also $K_{n+1} = K_n + S_{n+1}$, oder wenn der Aufbauprozeß wieder von Anfang an verfolgt wird

$$n^3 = 1 + S_2 + S_3 + ... + S_n$$

Die Sechseckzahlen spielen also hinsichtlich der Kubikzahlen die Rolle, die die ungeraden Zahlen bei den Quadratzahlen spielen.

Diese Deutung erlaubt nun eine viel übersichtlichere Darstellung der Sechseckzahlen. Zerlegt man das Sechseck so, wie es die räumliche Deutung als Schrägbild einer Würfelschicht nahelegt, dann ergibt sich dieses Bild:

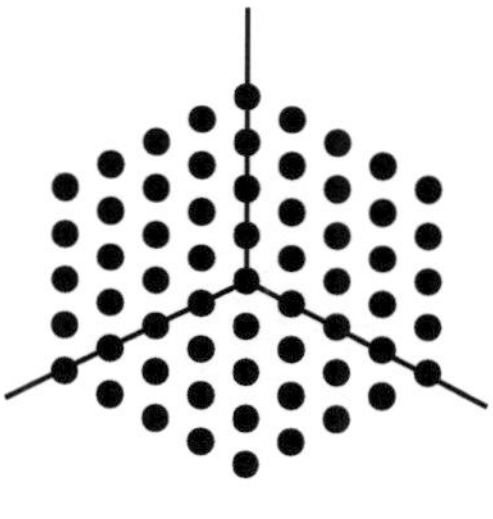

Figur 4.12

Man "sieht" 3 Quadrate (unten, rechts bzw. links hinten), also $3n^2$ Punkte. Dann hat man allerdings die auf den Kanten liegenden Elemente doppelt gezählt, kommt also auf 3n Punkte zuviel. Den Punkt in der hinteren, unteren Ecke würde man aber bei $3n^2$ dreifach zählen, bei $-3n$ jedoch dreimal wieder wegnehmen; er ist also durch +1 eigens zu berücksichtigen. Ergebnis ist demnach

$$S_n = 3n^2 - 3n + 1$$

Wiederum wäre auch eine andere Zählstrategie denkbar: Erst die inneren Punkte in den Quadraten, dann die Punkte auf den Kanten und schließlich den inneren Punkt zählen: $S_n = 3(n-1)^2 + 3(n-1) + 1$.

Beide Formeln laufen natürlich auf das Gleiche hinaus. Eine algebraische Rechnung oder - hier angemessener - ein geometrisches Argument für

$(n-1)^2 + (n-1) = n(n-1) = n^2-n$ zeigt das (Übung!). Eine andere Lesart dieser Überlegungen führt zu

$$n^3 - (n-1)^3 = 3n^2 - 3n + 1,$$

was man als Verifikation einer der kubischen binomischen Formeln verstehen kann.

4.3 -R- Beweisen durch "Hinschauen"?

Die Antwort auf die Frage in der Überschrift muß ja sein, wenn man sich die Qualität der verwendeten Argumentationen klar macht. Niemals wurde nämlich ein einfaches, lediglich auf empirische Daten zurückgreifendes Argument benutzt. Vielmehr sind stets Beziehungen und Aufbauprozesse herausgearbeitet worden, die den Charakter allgemeiner Begründung haben.

Der Unterschied zwischen diesen beiden Arten von Argumentation kann an einem Beispiel geklärt werden. Schreibt man sich die Quadratzahlen nebeneinander auf und bildet die jeweiligen Differenzen, dann ergibt sich

1 4 9 16 25 36 49 64 81 ...

3 5 7 9 11 13 15 17 ....

Eine empirische Begründung für das fortlaufende Auftreten der ungeraden Zahlen wäre es, aus dieser Zeile durch Analogieschluß abzulesen, dass die begonnene Reihe "offensichtlich" genau aus diesen Zahlen besteht. Die in 4.2 für diese Gesetzmäßigkeit gegebene Begründung ist aber fundamental anderen Typs. Durch das Herausarbeiten, dass sich die Quadrate aus den "Gnomonen" der Reihe nach aufbauen, wurde ein allgemein-gültiges Prinzip sichtbar. Dieses Argument ist von vorneherein auf jede beliebige Seitenzahl des Ausgangsquadrats anwendbar. Somit erhält diese Begründung den Charakter eines allgemeinen Beweises auf einer "inhaltlich-anschaulichen" (G. Müller und E. Ch. Wittmann) Basis.

Ein eindrucksvolles Beispiel für das Fehllaufen von nur auf empirischen Daten aufbauenden Schlüssen ist die folgende Aufgabe:

Zeichne einen Kreis, markiere darauf n Punkte; wie viele Gebiete können innerhalb des Kreises höchstens entstehen, wenn man jeden der markierten Punkte mit jedem anderen geradlinig verbindet?
In der Tat zählt man dort für n = 1, 2, 3, 4, 5 resp. $1 = 2^0$, $2 = 2^1$, $4 = 2^2$, $8 = 2^3$, $16 = 2^4$ Gebiete, was den empirisch begründeten Schluß auf ein 2^{n-1}-Gesetz nahelegt. In Wirklichkeit sind es aber schon bei 6 Eckpunkten nur 31 Gebiete.

Somit genügt ein bloßes Fortsetzen einer vermeintlichen Anfangsserie nicht. Vielmehr müssen Strukturen herausgearbeitet, allgemeine Aufbauprinzipien erkannt, Beziehungen geometrischer Art benutzt werden, um zu einem überzeugenden Ergebnis über einen "Beweis durch Hinschauen" zu kommen. Zusammen mit den in 1.3 gemachten Bemerkungen ergibt sich dann, dass auch in jedem formalen Modell (zumindest) der natürlichen Zahlen die so gewonnenen Ergebnisse gelten müssen.

Derartige Beweise haben ersichtlich große didaktische Vorteile:

- Sie sind "heuristisch" und "produktiv": Die gesuchte mathematische Beziehung entsteht im Verlauf des Beweises und wird nicht, wie etwa bei den üblichen Induktionsbeweisen, schon als gegeben vorausgesetzt.

- Sie schaffen "Einsicht": Mehr als durch formale Herleitungen werden so innere Zusammenhänge klar gemacht.

- Sie sind auf verschiedenen Niveaus verwendbar: Es wird nicht auf einen festen Bestand von Vorwissen zurückgegriffen. Solche Begründungen sind daher auch schon in jüngeren Altersstufen als Einübung in die Notwendigkeit des Begründens verwendbar. Die Erkenntnis, dass es sich hier wirklich um Beweise handelt, ist also besonders für Lehrerinnen und Lehrer von entscheidender Bedeutung. Denn mit solchen Beweisen kann bei den Lernenden aller Stufen zum "Aufbau einer mathematischen Kultur" (A.Bishop) beigetragen werden.

- Sie können als eine Grundlegung des Verständnisses von Variablen verwendet werden: Insofern sind sie also gerade auch für den Bereich der Sekundarstufe I wichtig.

Im folgenden Kapitel werden geometrische Muster als eine Basis verstanden, von der aus die üblichen arithmetischen Gesetze als "notwendig" für das Rechnen mit natürlichen Zahlen erkannt werden können.

Lesehinweise: Aus der umfangreichen Literatur zum Themenkreis "Zahlen und Muster" sei nur dies herausgegriffen:

Gardner, M.: Beweis algebraischer Formeln durch Betrachtung graphischer Darstellungen. Didaktik der Math. 2, (1974), 314-320.

Müller, G. N. und Wittmann, E. Ch.: Wann ist ein Beweis ein Beweis?
In: P. Bender (Hrsg.): Mathematikdidaktik-Theorie und Praxis, Festschrift. Heinrich Winter. Berlin: Cornelsen-Verlag 1988, 237 - 257.

Kroll, W.: Eine einheitliche geometrische Methode zur Bestimmung der Potenzsummenformeln. Praxis der Mathematik 31, (1989), 321 - 325.

Unterrichtsvorschläge zum Themenkreis natürliche Zahlen, bei denen auch Muster eine wichtige Rolle spielen, wurden im Heft Nr. 40 / 1990 der Zeitschrift „mathematiklehren“ gemacht.

Aufgaben zu Kapitel 4

1) Bestimmen Sie die Bildungsgesetze der Muster und errechnen Sie die nächsten Folgenglieder.

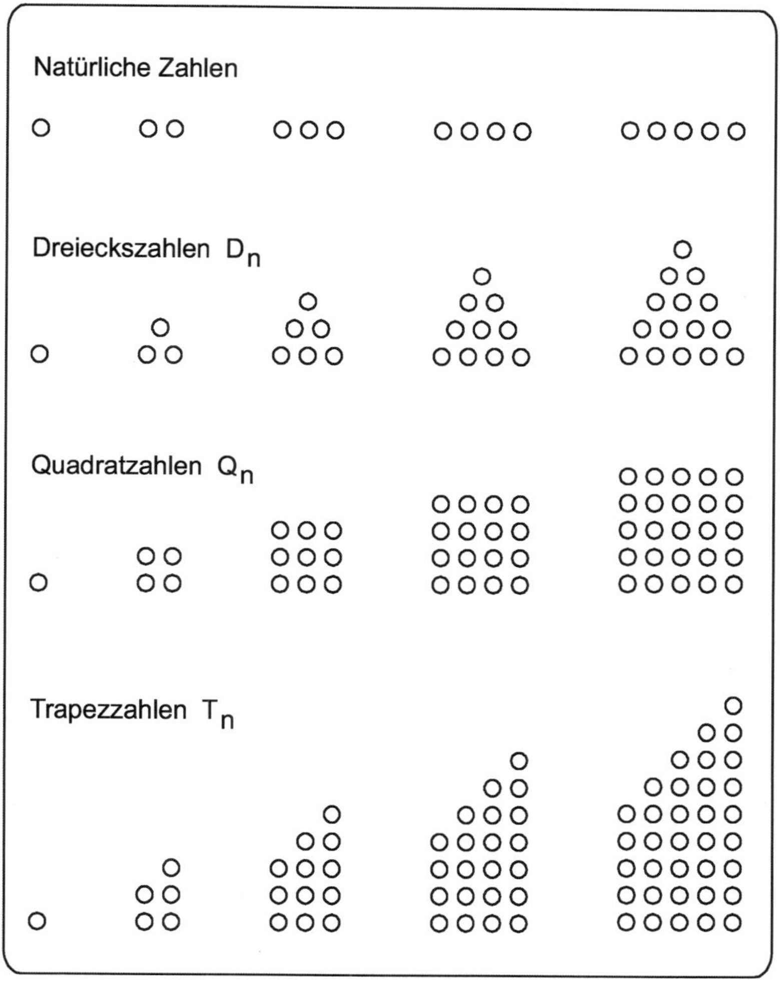

Figur 4.13

- Geben Sie für jede der obigen Folgen auch eine rekursive Beschreibung.,
  d.h. wie wird die nächstfolgende Zahl aus den vorherigen berechnet?
- Welche Zusammenhänge der verschiedenen Muster sind erkennbar?
- Untersuchen Sie weitere Eigenschaften der Folgen; z.B. gerade/ungerade,...

2) Entscheiden Sie am Punktmuster:

   a) Für welche n gilt, dass n ein Teiler von D_n ist?
   b) Wenn n gerade, ist Q_n eine Viererzahl.
   c) Wenn n eine Dreierzahl ist, ist T_n eine Dreierzahl und umgekehrt.

3) Versuchen Sie arithmetisch und am Punktmuster folgenden Zusammenhang zwischen Quadrat- und Dreieckszahlen zu verifizieren.

   $Q_5 = 8 \cdot D_2 + 1$

   $Q_7 = 8 \cdot D_3 + 1$ bzw. allg. $Q_{2n+1} = 8 \cdot D_n + 1$

4) Erklären Sie folgende Rekursionsformel für Sechseckzahlen und entwickeln Sie aus ihr eine explizite Darstellung.

   $S_n = S_{n-1} + 6(n-1)$

5) Durch Umstrukturierung von Punktmustern sollen die binomischen Formeln bewiesen werden:

   $(m+n)^2 = m^2 + 2mn + n^2$

   $(m-n)^2 = m^2 - 2mn + n^2$

   $(m+n) \cdot (m-n) = m^2 - n^2$

6) Stellen Sie folgende Gleichungen mit Cuisenaire-Stäben nach und beschreiben Sie Handlungen, aus denen sie verifiziert werden können.

   $5 \cdot 5 = 6 \cdot 4 + 1$ $6 \cdot 6 = 7 \cdot 5 + 1$

   $5 \cdot 5 = 7 \cdot 3 + 4$ $6 \cdot 6 = 8 \cdot 4 + 4$

7) Eine Summe von natürlichen Zahlen in Form von Treppen (Modellierung durch Cuisenaire-Stäbe) soll berechnet werden. Entwickeln Sie durch geschickten Umbau bzw. Hinzu- oder Wegnahme weiterer Treppen jeweils eine Summenformel.

a) 1+2+3+4+5 = 1+2+3+...+n =

1+2+3+4+5+6 =

b) 13+14+15+16 =

13+14+15+16+17 =

c) 1+3+5+7 =

1+3+5+7+9 =

d) 1+6+11+16 =

1+6+11+16+21 =

8) Die Zahlen 100, 101, ..., 105 sollen als Summe von 2, 3, 4 oder 5 aufeinanderfolgenden, natürlichen Zahlen geschrieben werden. Bei welchen Zahlen gelingt es, bei welchen nicht? Warum?

9) Zahlenfelder

Geben Sie möglichst viele Möglichkeiten an, die Summe aller Zahlen in diesen Feldern zu berechnen.

11	12	13	14	15
21	22	23	24	25
31	32	33	34	35
41	42	43	44	45
51	52	53	54	55

25	31	37	43
22	28	34	40
19	25	31	37
16	22	28	34

13	20	27	34	41
18	25	32	39	46
23	30	37	44	51
28	35	42	49	56

10) Ziffernmuster

Setzen Sie die Aufgaben fort und begründen Sie die erkennbaren Regelmäßigkeiten.

a) $11 \cdot 11 = 121$

$111 \cdot 111 =$

$1111 \cdot 1111 =$

b) $11 \cdot 12 = 132$

$11 \cdot 122 =$

$11 \cdot 1222 =$

c) $9 \cdot 9 = 81$

$99 \cdot 99 =$

$999 \cdot 999 =$

d) $1 \cdot 9+2 = 11$

$12 \cdot 9+3 =$

$123 \cdot 9+4 =$

Kommentar

zu Aufg. 1

Mit dieser Aufgabe soll auf vielfältige Weise versucht werden, Zusammenhänge innerhalb einzelner Folgen wie auch zwischen den Folgen aufzudecken. Hierbei sollte man zwei Richtungen anstreben: aus der geometrischen Struktur einen algebraischen Term entwickeln und umgekehrt den algebraischen Aufbau einzelner Terme durch die "Figur" der Zahl sichtbar machen. Es soll deutlich werden, wie Handlungen an Punktmustern sich in Formeln niederschlagen, und wie Formeln durch Handlungen interpretiert werden können.

Man sieht sofort den Aufbau der Dreieckszahl aus ihrer Vorgängerin

$D_n = D_{n-1}+n$, zweimal angewendet $D_n = D_{n-2} +2n-1$

Geometrisch wird dieser Termaufbau ebenfalls nachvollziehbar.

$D_5 = D_3+2\cdot5-1$ $D_6 = D_4+2\cdot6-1$

Figur 4.14

Da ein solches symmetrisches "Dach" stets für eine ungerade Zahl steht, wechselt die Folge von einem zum übernächsten Glied jeweils die Parität. Da D_1 und D_2 beide ungerade sind, bekommt man auf zwei ungerade zwei gerade, dann wieder zwei ungerade Folgenglieder, usw.

$$Q_n = D_{n-1} + D_n$$

Zwei benachbarte Dreieckszahlen lassen sich zu einer Quadratzahl zusammensetzen. Wendet man hierfür die oben aufgestellte Rekursion für Dreieckszahlen an, so bekommt man $Q_n = 2\cdot D_{n-1}+n$, was umgekehrt auch geometrisch zu interpretieren ist

Figur 4.15

Die Trapezzahlen *führen Dreiecks- und Quadratzahlen zusammen:*

$$T_n = Q_n + D_{n-1}$$

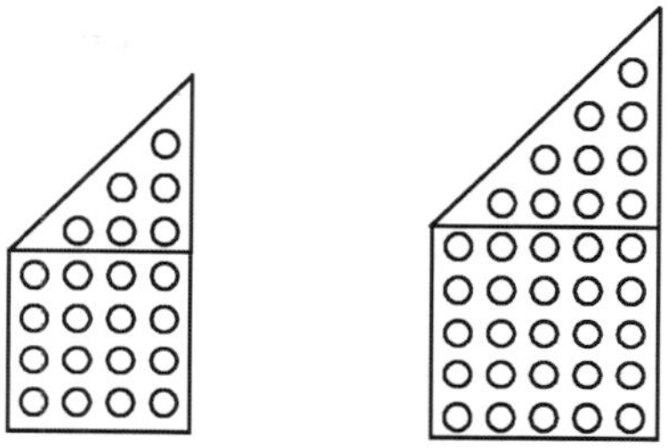

Figur 4.16

Spielt man diesen Term auf die Vorgänger zurück, ergibt sich

$$\begin{aligned} T_n &= Q_{n-1} + (2n-1) + D_{n-2} + (n-1) \\ &= T_{n-1} + (2n-1) + (n-1) \\ &= T_{n-1} + 3n-2 \end{aligned}$$

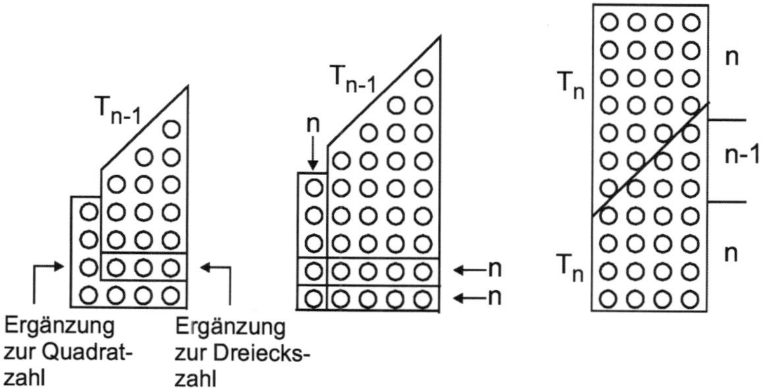

Figur 4.17

Figur 4.17 zeigt diesen Zusammenhang zwischen T_n und T_{n-1} auf verschiedene Weisen geometrisch auf.

Natürlich kann man eine Untersuchung, wann Trapezzahlen gerade bzw. ungerade sind, auch an der expliziten Formel $T_n = n(3n-1)/2$ vornehmen. Dem Sinn der Aufgabe würde eher folgende Überlegung näherkommen: Gestützt auf das Wissen um die Parität von Dreiecks- und Quadratzahlen und das Bildungsgesetz der Trapezzahlen kommt man einfacher zu folgender Tabelle.

n	=	1	2	3	4	5	6	7
D_{n-1}		u	u	g	g	u	u.....	
Q_n		g	u	g	u	g	u.....	
T_n		u	u	g	g	u ...		

zu Aufg. 2

a) Im Folgenden soll nur auf eine geometrische Version eingegangen werden, natürlich gehört auch immer eine Überlegung am Term parallel dazu. Für ungerades n gelingt der Umbau einer Dreieckszahl in ein Rechteck mit einer Seite n (sonst nicht, es bleibt n/2 übrig).

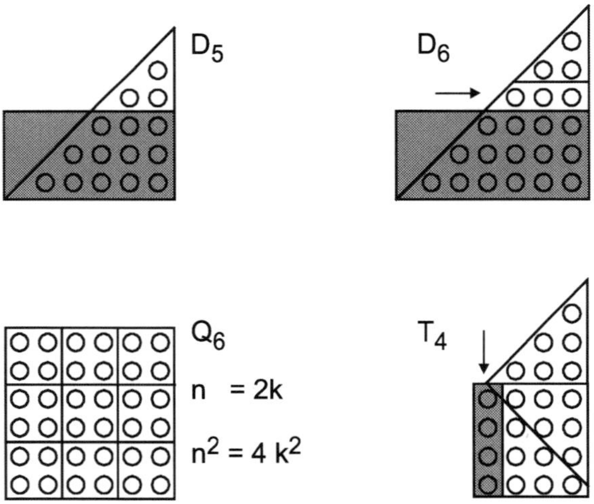

Figur 4.18

zu Aufg. 3

Im Rahmen von Teilbarkeitsaufgaben stößt man oft auf die Aussage $8 \mid n^2\text{-}1$ für ungerades n, die man am einfachsten über eine binomische Formel zerlegt: $8 \mid (n-1)(n+1)$

Unsere Aufgabe ist mit dieser eng verwandt, sie gibt noch weitere Informationen über den Komplementärteiler, denn die Kofaktoren der 8 werden als gewisse Dreieckszahlen beschrieben. Ohne dass man das Verfahren der vollständigen Induktion hier besonders thematisieren müßte, ist es wohl natürlich, dass man die Aussagen für kleine n nachrechnet. Ein Schluß von n auf n+1 könnte arithmetisch und geometrisch so aussehen:

$$Q_{2n+1} + 4(2n+1) + 4 = 8 \cdot D_n + 8 \cdot (n+1) + 1$$

$$Q_{2n+3} = 8 \cdot (D_n + (n+1)) + 1$$

$$Q_{2n+3} = 8 \cdot D_{n+1} + 1$$

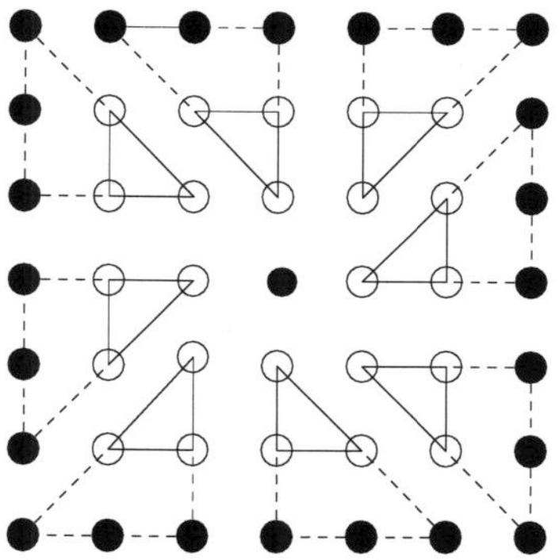

Figur 4.19

zu Aufg. 4

Bei der Konstruktion nachfolgender Sechseckzahlen bleibt zunächst die schon gebildete Sechseckzahl vollständig erhalten. Um sie herum wird ein neues Sechseck aus Punkten aufgebaut. Jede Seite hat n Punkte, dabei hat man die 6 Ecken doppelt gezählt.

$$S_n = S_{n-1} + 6n-6 = S_{n-1} + 6(n-1)$$

Durch Abspulen der Rekursion gewinnt man schrittweise

$$S_n = S_{n-1} + 6(n-1) = S_{n-2} + 6(n-2) + 6(n-1) = ... =$$

$$= S_1 + 6 + 6 \cdot 2 + ... + 6(n-1) =$$

$$= 1 + 6 + 6 \cdot 2 + ... + 6(n-1)$$

$$S_n = 1 + 6 \cdot (n-1)n/2 = 1+3n^2-3n$$

zu Aufg. 5 und 6

Die binomischen Formeln kann man recht anschaulich mit Hilfe von Punktmustern bzw. Flächen verdeutlichen.

Die Beispiele der Aufg. 6 gehören unmittelbar zum selben Thema. Die Abbildung verdeutlicht ein Vorgehen mit Cuisenaire-Stäben.

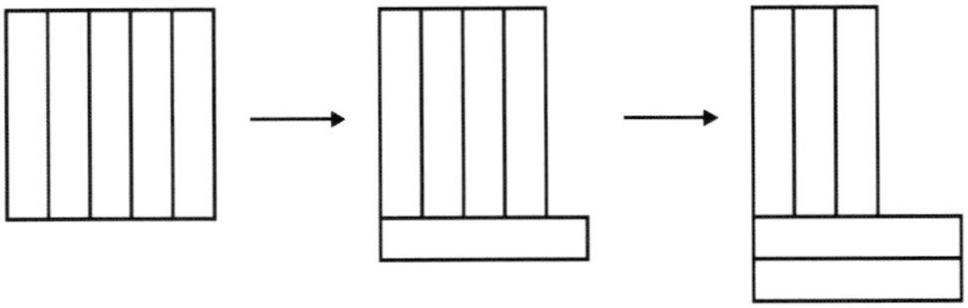

Figur 4.20

zu Aufg. 7

Während das Zusammenlegen zweier gleicher Treppen - geeignet verdreht - stets zu einer entsprechenden Formel für die Summe führt, gelingt ein Umbau einer Treppe nur in Abhängigkeit vom jeweiligen n. (Veranschaulichung der Mittelwertbildung)

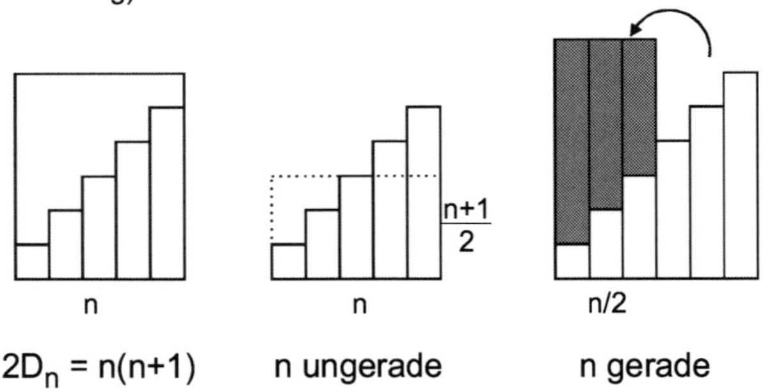

Figur 4.21

Hat man erkannt, dass die Summe der ersten n ungeraden Zahlen stets eine Quadratzahl ergibt bzw. dass die Differenzen benachbarter Quadratzahlen die Folge der ungeraden Zahlen darstellen, so kann man auch umgekehrt den Satz aufstellen:

Jede ungerade Zahl läßt sich als Differenz zweier Quadratzahlen schreiben. Dies läßt sich unmittelbar aus der rekursiven Konstruktion der Quadratzahlen ablesen:

$1+3+5+...+(2n-1) = Q_n$

$Q_{n+1} - Q_n = 2n+1$

$1+3+5+...+(2n-1)+(2n+1) = Q_{n+1}$

also $Q_{26} - Q_{25} = 51$ oder $Q_{27} - Q_{26} = 53$.

Jede zerlegbare, ungerade Zahl läßt sich auch als Produkt zweier ungerader Faktoren schreiben: $51 = 3 \cdot 17$.

In der Folge der ungeraden Zahlen findet man mit der 17 als Mitte 3 Zahlen, deren Summe 51 beträgt und gewinnt so eine weitere Darstellung der 51 als Differenz von Quadratzahlen.

... 13 15 17 19 21 ...

$10^2 - 9^2 = 19$

$9^2 - 8^2 = 17$ $\qquad 10^2 - 7^2 = 19 + 17 + 15 = 51$

$8^2 - 7^2 = 15$

Hat man eine Primzahl p als Differenz zweier Quadratzahlen geschrieben,

$$r^2 - s^2 = p \quad \text{oder} \quad (r-s)(r+s) = p \quad \Rightarrow r - s = 1$$

so folgt, dass p die Differenz von benachbarten Quadratzahlen ist, d.h. diese Darstellung durch die Differenz zweier Quadratzahlen ist für den Fall einer ungeraden Primzahl sogar eindeutig.

$2 \cdot [1+3+5+....+(2n-1)] = 2\, n \cdot n$

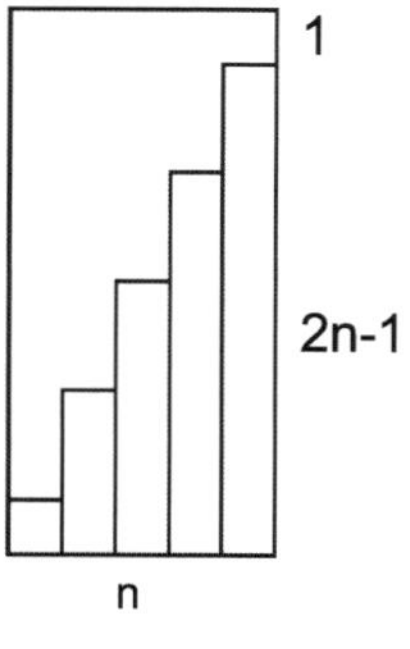

Figur 4.22

zu Aufg. 8

In Umkehrung zu Aufg. 7 werden nun Treppenabschnitte mit fester Stufenzahl gesucht, die sich zu vorgegebenen Zahlen aufsummieren. Zur Charakterisierung solcher Zahlen, die sich als Summe von 2, 3, 4 oder 5 aufeinanderfolgender Zahlen schreiben lassen, liest man durch geeigneten Umbau solcher Treppen die arithmetischen Eigenschaften ab. Man kann jedoch auch induktiv vorgehen: Mit kleinen Zahlen beginnend bildet man die Summen aus 4 benachbarten Zahlen:

Die kleinste Summe (10) ist eine Zweierzahl, aber keine Viererzahl ist. Von ihr kommt man schrittweise durch Addition von 4 zur Summe von jedem 4er-Tupel von aufeinanderfolgenden Zahlen. Man bleibt somit auf Zahlen vom Typ 4n+2.

$$\begin{array}{ccccccccc} 1 & + & 2 & + & 3 & + & 4 & = & 10 \\ \downarrow{\scriptstyle +1} & & \downarrow & & \downarrow & & \downarrow & & \downarrow{\scriptstyle +4} \\ 2 & + & 3 & + & 4 & + & 5 & = & 14 \\ \downarrow{\scriptstyle +1} & & \downarrow & & \downarrow & & \downarrow & & \downarrow{\scriptstyle +4} \\ 3 & + & 4 & + & 5 & + & 6 & = & 18 \end{array} \qquad \text{usw.}$$

Im Hintergrund steht der Satz von Sylvester, der zumindest für jeden ungeraden Teiler t von N eine Zerlegung in t aufeinanderfolgende Zahlen garantiert. Eine Beweisskizze (diese Idee stammt von H.-J. Sander) gewinnt man auf recht anschauliche Weise so:

Mit dem ungeraden Teiler t bilde man ein rechteckiges Punktmuster t·t' = N und baue dieses um die mittlere Punktreihe um, wie in der Skizze angedeutet. Man bekommt N als Summe von t = 5 Summanden.

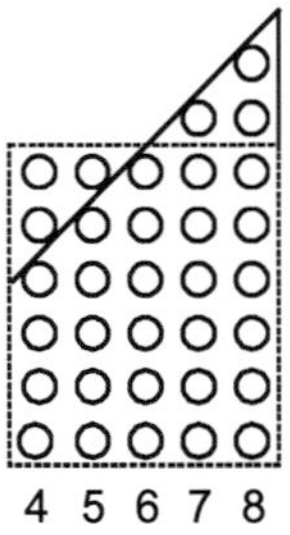

Figur 4.23

Ist (t–1)/2 > N/t, so sieht die Konstruktion einer Treppe so aus:

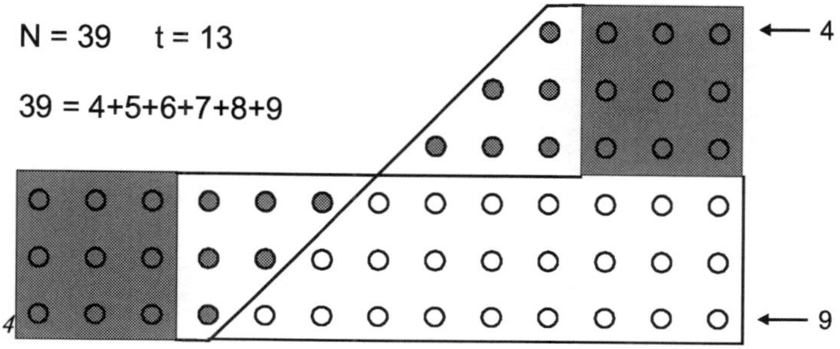

Figur 4

was formal wieder zu t = 13 ganzzahliger Summanden führt, wenn man es so schreibt

$$39 = (-3)+(-2)+(-1)+ 0 + 1 + 2 + 3 + 4 + 5 + 6 + 7 + 8 + 9$$

zu Aufg. 9

Voraussetzung für die folgenden Überlegungen ist, dass von Spalte zu Spalte bzw. Reihe zu Reihe jeweils dieselben additiven Operatoren gelten.

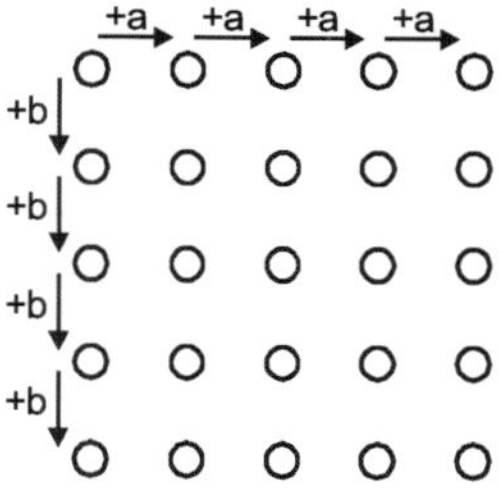

Figur 4.25

i) Summe zeilenweise: Die Summe von Zeile 1 wird ermittelt, die Summe von Zeile 2 ist um n·b größer als die Summe der Zeile 1, usw.

ii) entsprechend Summe spaltenweise

iii) Summe der (Haupt-) Diagonalen mal Anzahl der Reihen:

Sei das Element oben links x. In 5·x wird dieses Grundelement für die erste Zeile summiert. Das zweite Glied der Diagonalen heißt mit den Bezeichnungen aus der Skizze x + a + b. In die Summe geht 5·(x + a + b) ein. In 5·x wird das Grundelement x fünfmal für die zweite Zeile gezählt, 5a zählt den Zuwachs aller Elemente der zweiten Spalte, 5b entsprechend den Zuwachs der zweiten Zeile. Entsprechend zergliedere man die verfünffachten Summen für die weiteren Diagonalelemente.

iv) In einem quadratischen Schema mit n·n Zahlen gibt es für ungerades n eine Zahl in der Mitte, die mit n^2 multipliziert die Summe aller Zahlen ergibt. Zur Herleitung überlege man, dass zunächst jede Zeile eine mittlere Zahl besitzt, die anderen liegen symmetrisch zu dieser, so dass man die Summe der Zeile als das Produkt der mittleren Zahl mit der Anzahl der Zahlen bekommt. Dies für jede Zeile durchgeführt, liefert eine Spalte, deren Elemente n-mal so groß sind wie die ursprünglichen Elemente. Das mittlere Element dieser Spalte liegt nun wieder symmetrisch zu allen Zahlen, und daher ist

$$n\cdot(n\cdot \text{Mitte}) = n^2 \cdot \text{Mitte}$$

die Gesamtsumme. Für gerades n bildet man eine fiktive Mitte und kann entsprechend mit der Anzahl aller Zahlen multiplizieren. Übrigens gilt das auch für rechteckige Zahlenfelder.

zu Aufg. 10

Im Wesentlichen gewinnt man die Begründungen für die Ziffernmuster aus dem Algorithmus für die schriftliche Multiplikation. Manche Muster lassen sich beliebig lange fortsetzen (b) und (c), die anderen gelten nur für jeweils 9 Aufgaben in dieser Form.

Bei b) kann man einmal distributiv vorgehen: ·

$\cdot 11 = \cdot(10+1)$ wie auch rekursiv: $122222 \cdot 11 = (12222 \cdot 11)\cdot 10 + 2 \cdot 11$,

so dass man in der Klammer das Ergebnis der im Schritt davor gelösten Aufgabe stehen hat.

Für Zahlen der Form 99...99 probiere man stets, ob es nicht günstig ist, sie als $10^n - 1$ zu schreiben.

c) Aus $999^2 = (10^3-1)^2$ bekommt man unmittelbar eine Begründung für das entstehende Muster.

d) Hier wird man ebenfalls $\cdot 9$ als $\cdot(10-1)$ distributiv rechnen.

5. Die Rechengesetze der elementaren Arithmetik

5.1 Begründungen aus dem Abzählen von geometrischen Mustern

Die Rechenoperationen haben unter den verschiedenen Zahlaspekten (vgl. die Tabelle in Kap. 1) unterschiedliche inhaltliche Bedeutung. Unter dem Aspekt des Abzählens drücken sie jeweils bestimmte Handlungen aus: Das Addieren zweier Zahlen bedeutet, dass zwei zunächst getrennt liegende Mengen von Objekten zusammengebracht und dann die Gesamtmenge gezählt werden soll; mit dem Subtrahieren korrespondiert entsprechend das Wegnehmen und Zählen des übrigbleibenden Bestandes. Multiplizieren greift auf die Handlung des mehrfachen Zählens der gleichen Menge zurück, Dividieren entsprechend auf das Aufteilen bzw. Verteilen.

Legt man diese Vorstellungen zugrunde, dann sind die Rechengesetze nicht einfach Grundeigenschaften der jeweiligen Rechenoperationen, vielmehr sind es notwendige Beziehungen, die sich durch Rückgriff auf die zum Ausdruck kommenden Handlungen begründen lassen. Sie spiegeln einige fundamentale Verfahren wider, die man beim Zählen verwendet. In diesem Sinne sind die folgenden Bemerkungen zu den Rechenoperationen mehr als nur nachträgliche Veranschaulichungen. Es handelt sich um die Formulierung von Bedingungen, die für "vernünftige", d.h. anwendbare Zahlbereiche erfüllt sein müssen.

5.1.1 Eigenschaften der Addition

Das Kommutativgesetz (Vertauschungsgesetz) der Addition

(KA) $a + b = b + a$ (für alle natürlichen Zahlen a, b)

spiegelt wider, dass man zwei zu einer Reihe gelegte Mengen von Objekten von links nach rechts und von rechts nach links abzählen kann (und dabei das gleiche Resultat erhält):

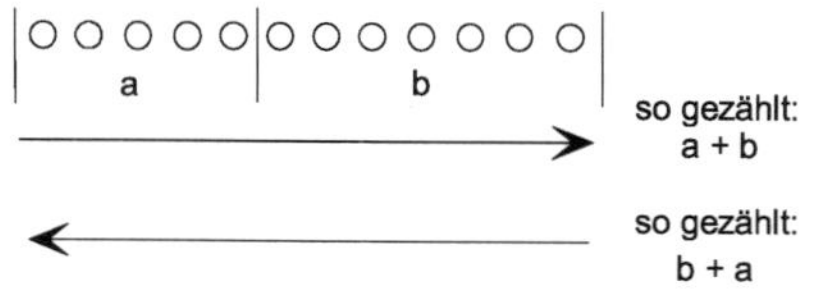

Figur 5.1

Führt man das Assoziativgesetz der Addition auf Methoden des Abzählens zurück, dann ist die übliche Formulierung

(AA) $a + (b + c) = (a + b) + c$ (für alle natürlichen Zahlen a, b, c)

eine Verengung der gemeinten Aussage auf einen speziellen Fall (aus dem man freilich das allgemeine Gesetz durch logische Schlüsse herleiten kann). Das Assoziativgesetz drückt nämlich die Tatsache aus, dass man in einer zu zählenden Menge beliebige Abtrennungen vornehmen kann, diese Teile einzeln zählen und dann durch sukzessive Additionen stets auf das gleiche Gesamtergebnis kommt. Etwa kann man das folgende Beispiel als "Paradigma"- d.h.: nicht dieser Spezialfall, sondern das darin sichtbar werdende allgemeine Vorgehen soll gezeigt werden - betrachten:

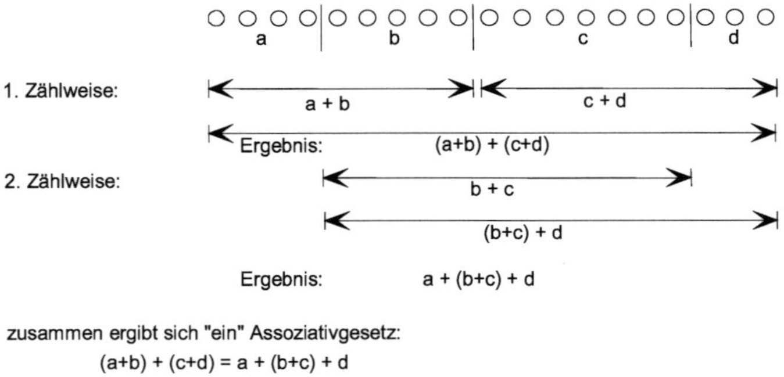

Figur 5.2

-R- Dass man sich meist mit der Aussage (AA) begnügt, die ja einen Spezialfall der offenbar viel allgemeiner gemeinten "assoziativen Abzählstrategie" beschreibt, ist ein typisch mathematisches Vorgehen: Man versucht die allgemeine Beobachtung damit auf einen Kernsatz zu konzentrieren, aus dem alle anderen "Assoziativgesetze" deduziert werden können.

In welcher Weise die Addition zweier natürlicher Zahlen umkehrbar ist, ergibt sich ebenfalls aus dem Vorgang des Abzählens. Kennt man die Gesamtzahl der Elemente und die Anzahl in einem Teil, dann lässt sich entweder durch Weiterzählen - "ergänzen" - oder durch Wegnehmen des bekannten Teils - "abziehen" - eindeutig die Anzahl der Elemente im Rest bestimmen.

Ist also a < b, dann hat die Aufgabe

(UA) $a + x = b$

eine eindeutig bestimmte Lösung im Bereich der natürlichen Zahlen, nämlich $x = b - a$. Und dies erklärt den Sinn des Minuszeichens.

5.1.2 Eigenschaften der Multiplikation

Das Kommutativgesetz der Multiplikation ist nichts anderes eine Folge der bereits unter "Zahlen und Muster" mehrmals verwendeten Rechteckregel:

o o o o o	o o o
o o o o o	o o o
o o o o o	o o o
	o o o
	o o o

Figur 5.3

(KM) $a \cdot b = b \cdot a$ (für alle natürlichen Zahlen a, b)

Für das Assoziativgesetz der Multiplikation gilt zunächst das oben für das Assoziativgesetz der Addition Gesagte. Es genügt, sich auf

(AM) $a \cdot (b \cdot c) = (a \cdot b) \cdot c$ (für alle natürlichen Zahlen a, b, c)

zu beschränken. Dies aber kann auf zweierlei Arten erklärt werden:

a) an einem quaderförmigen Muster: $a \cdot (b \cdot c)$ bedeutet, dass a Schichten mit je $b \cdot c$ Elementen gezählt werden sollen:

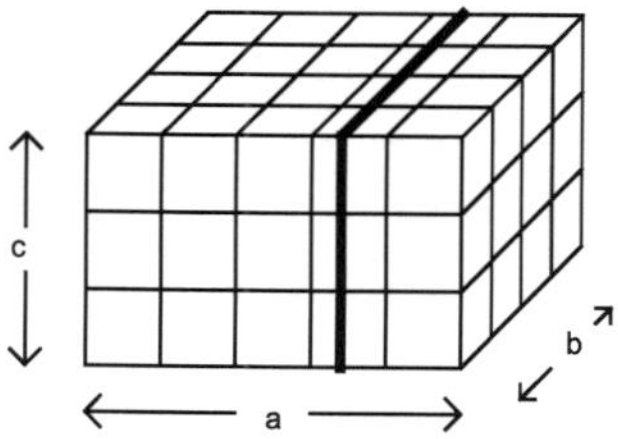

Figur 5.4

Es wird so die Zahl der Elemente ("Würfelchen"/Punkte in einem Punktmuster) in einer quaderförmigen Anordnung gezählt. $(a \cdot b) \cdot c$ ist dementsprechend zu lesen als: $(a \cdot b)$ Säulen mit je c Elementen. Das sind ebensoviele wie im Quader oben:

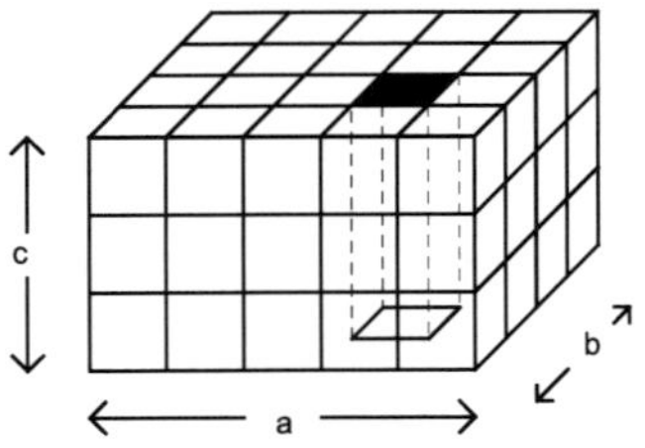

Figur 5.5

b) an einem rechteckigen Muster: a·(b·c) kann als a Rechtecke des Formats b·c gesehen werden.

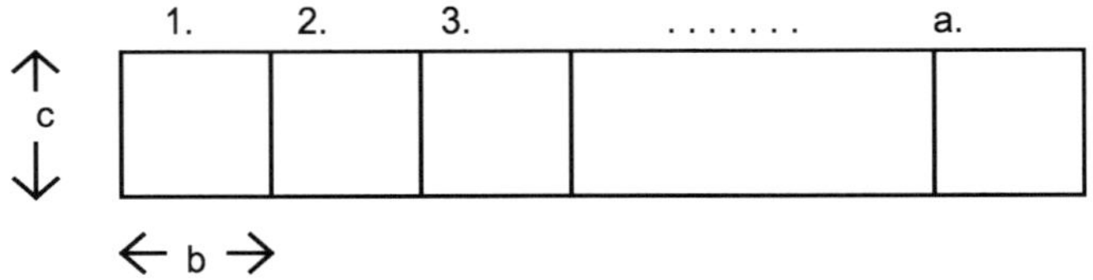

Figur 5.6

Dies ergibt ein "großes" Rechteck mit a·b Spalten der Höhe c. Also enthält es (a·b)·c Elemente.

Inwieweit die Multiplikation im Bereich der natürlichen bzw. ganzen Zahlen umkehrbar ist, wird in den nächsten Abschnitten genauer untersucht.

5.1.3 Das Distributivgesetz

Schließlich kann auch dem Distributivgesetz, das regelt, wie Addition und Multiplikation miteinander zu verbinden sind, ein geometrisches Muster zugrundegelegt werden:

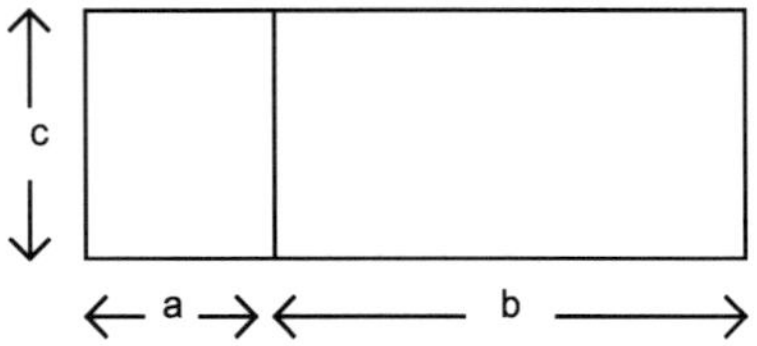

Figur 5.7

Sieht man das zweigeteilte Rechteck als Einheit an, dann stellt es (a+b) · c dar; sieht man hingegen die beiden Teile getrennt, dann fügt sich die gesamte Figur aus a·c und b·c zusammen. Dies ergibt

(D) $(a + b) \cdot c = a \cdot c + b \cdot c$ (für alle natürlichen Zahlen a, b, c),

das sogenannte Distributivgesetz.

5.2 Ideen der Zahlbereichserweiterung: Permanenzprinzip und algebraisches Prinzip

In der Weise, wie im vorausgehenden Abschnitt die Rechengesetze begründet wurden, kann das nur für den Bereich der natürlichen Zahlen 0,1,2,3,... durchgeführt werden; es sind ja die dort vorkommenden Zahlen als Kardinalzahlen, also Anzahlen gewisser Mengen, interpretiert worden. Andererseits hat es aber - und das wurde bereits in der Tabelle in 1.3 angedeutet - durchaus auch Sinn, von gebrochenen Zahlen (1/2, 1/3, 12/23, 0,25, ...), von negativen Zahlen (–1, –2, –1/2, –2/3, –3,75, ...) zu sprechen, und darüber hinaus auch noch Zahlen wie z.B. $\sqrt{2}$, π, ln2,... zu betrachten. Gelten hierfür auch noch die oben aufgestellten Gesetze für das Rechnen?

Die Beschreibung der über den Bereich der natürlichen Zahlen hinausgehenden Zahlen - man spricht von Zahlbereichserweiterung - hält sich an drei Prinzipien:

1. Das Permanenzprinzip:

Soweit möglich sollen alle Rechengesetze auch in den jeweils umfassenderen Zahlbereichen weiter gelten.

2. Das algebraische Prinzip:

Dieses Prinzip, von H. Freudenthal (Math. als pädagogische Aufgabe I, II, Stuttgart: Klett 1977/79) so bezeichnet, sagt aus, dass man sich die neu zu definierenden Zahlen als Lösungen von Gleichungen, die im bereits bekannten Zahlbereich formulierbar sind, vorstellen soll.

3. Das Konstruktionsprinzip

Weitergehende Zahlbereiche sollen durch eine logische , i.a. mengentheoretische Konstruktion aus den bisherigen Zahlen gewonnen werden. Damit wird die "Existenz" im mathematischen Sinne von übergreifenden Zahlbereichen nachgewiesen.

Die vollständige Durchführung der Zahlbereichserweiterungen nach dem Konstruktionsprinzip übersteigt den Rahmen dieses Buches und sollte einer speziellen Veranstaltung vorbehalten sein, die sich mit dem mathematischen Konstrukt "Zahlen" theoretisch auseinandersetzt. Es wird hier lediglich an zwei Beispielen gezeigt, wie das algebraische Prinzip zusammen mit dem Permanenzprinzip es gestattet, zu Rechenregeln für andere als natürliche Zahlen zu kommen. Die Leserinnen und Leser können als Übung auf diese Weise selbst weitere Herleitungen von Rechnungen mit ganzen oder gebrochenen Zahlen vornehmen.

Beispiel 1: Negative, ganze Zahlen (–1,–2,–3,...):

Diese Zahlen kann man sich - dem algebraischen Prinzip folgend - als Lösungen der Gleichungen $x + a = 0$ mit natürlichen Zahlen a vorstellen. Wir verlangen (!), dass jede dieser Gleichungen genau eine Lösung habe. Dann kann man sich aus diesem Ansatz ableiten, wie man zwei negative Zahlen zu multiplizieren hat. Wir verdeutlichen es wieder an einem "repräsentativen" Beispiel:

Die - später so genannte - Zahl "–5" ist festgelegt durch $x_1 + 5 = 0$,
die Zahl "–3" durch $x_2 + 3 = 0$.
Wie multipliziert man "$(-3) \cdot (-5)$"?
Multipliziert man die beiden Gleichungen mit den natürlichen Zahlen 3 und 5, also mit Zahlen aus dem bisherigen Zahlbereich, dann ergibt sich unter Verwendung des Distributivgesetzes für natürliche Zahlen und erweitert auf die Unbekannten x_1 und x_2:

$$3x_1 + 15 = 0$$
$$5x_2 + 15 = 0$$

Das sind zwei Beziehungen für x_1 und x_2, die man nun verwenden kann. Multipliziert man nun die beiden ursprünglichen Gleichungen nach dem Distributivgesetz (Permanenzprinzip!) aus, dann kommt:

$$x_1x_2 + 5x_2 + 3x_1 + 15 = 0$$

Nach dem Assoziativgesetz (AA) kann $3x_1 + 15$ abgetrennt werden. Es ist 0 nach der obigen Beziehung. Damit verbleibt nur noch

$$x_1x_2 + 5x_2 = 0$$

Addiert man beiderseits die natürliche Zahl 15, dann kann auch $5x_2 + 15 = 0$ mit verwendet werden:

$$x_1x_2 + 5x_2 + 15 = x_1x_2 = 15$$

Dies ist das gewünschte Ergebnis: $(-3) \cdot (-5) = 15$

Man hat zu beachten, dass bei der ganzen Herleitung nie irgendeine speziell auf das "Rechnen mit Minus" bezogene Regel verwendet wurde. Nur die Rechengesetze selbst wurden aus dem Bereich der natürlichen Zahlen übernommen.

Beispiel 2: (Positive,) gebrochene Zahlen (1/2, 1/3, 4/13, ...):

Diese Zahlen können als Lösungen der Gleichungen $b \cdot x = a$ mit natürlichen Zahlen a und b ($b \neq 0$) angesehen werden. Wieder wird gefordert, dass jeweils genau eine Lösung x vorhanden sei. Hier untersuchen wir exemplarisch, wie man zwei durch ihre Gleichungen gegebene rationale Zahlen addiert.

Die - später so genannte - Zahl "3/5" wird nach dem algebraischen Prinzip durch $5x_1 = 3$ beschrieben, die Zahl "1/3" durch $3x_2 = 1$.
Wie sind dann diese beiden Zahlen zu addieren?
Durch Multiplikation mit 3 bzw. 5 erkennt man wieder, dass auch

$$3 \cdot 5x_1 = 3 \cdot 3$$
$$3 \cdot 5x_2 = 1 \cdot 5$$

gültige Beziehungen sind. Diese können addiert und nach dem Distributivgesetz (auch das Assoziativgesetz wird gebraucht) ausgewertet werden:

$$15(x_1 + x_2) = 14$$

Diese Gleichung ist vom Typ $b \cdot x = a$, beschreibt also eine gebrochene Zahl. $x_1 + x_2$ ist demnach die gebrochene Zahl, die in der üblichen Schreibweise als "14/15" dargestellt wird. Auch hier wurde wieder niemals "Bruchrechnung" betrieben, vielmehr fanden alle Rechnungen nur mit Hilfe der von den natürlichen Zahlen übernommenen Rechengesetze statt.

Das algebraische Prinzip zeigt, zusammen mit dem Permanenzprinzip, nur dies: Wenn Brüche bzw. negative Zahlen überhaupt möglich sind, und die Rechengesetze fortbestehen sollen, dann muss man notwendigerweise wie gezeigt rechnen, und dies sind die üblichen Rechenregeln:

"Minus x Minus = Plus" bzw. "auf den Hauptnenner bringen und Zähler addieren". Dass es solche Zahlen tatsächlich im mathematischen Sinne "gibt", kann nur ein Verfahren zeigen, das diese Zahlen als Objekte eigener Art konstruiert.

5.3 Übersicht über die Zahlbereiche, die Idee der Zahlengeraden

Den umfassenden Begriff "Zahlen" unterteilt man üblicherweise wie folgt:

die natürlichen Zahlen (ohne 0):	**N*** = {1,2,3,...}
die natürlichen Zahlen:	**N** = {0,1,2,3,...}
die ganzen Zahlen:	**Z** = {...,–3,–2,–1,0,1,2,3,...}
die rationalen Zahlen:	**Q** = {m/n : m ∈ **Z**, n ∈ **N*** }
die reellen Zahlen:	**R** = alle Dezimalbrüche, auch die unendlichen nichtperiodischen = alle Punkte auf derZahlengeraden.

Offenbar sind diese Zahlbereiche so ineinander enthalten:

$$\mathbf{N}^* \subset \mathbf{N} \subset \mathbf{Z} \subset \mathbf{Q} \subset \mathbf{R}$$

Z und **Q** lassen sich nach dem algebraischen Prinzip beschreiben. Bei der Definition von **R** kommen geometrische Gesichtspunkte ins Spiel. Für die Arithmetik sind daher nur **N***, **N**, **Z** und **Q** von Interesse. Die durchführbaren Rechenoperationen sind:

in **N**: Addieren und Multiplizieren möglich, beide Rechenarten sind eingeschränkt umkehrbar.

in **Z:** Addieren und Multiplizieren möglich, nur die Addition ist uneingeschränkt umkehrbar.

in **Q**: Addieren und Multiplizieren möglich, beides umkehrbar.

Alle Zahlen der genannten Zahlbereiche lassen eine Darstellung auf der Zahlengeraden zu. In dieser Darstellung kommen dann nicht nur die arithmetischen Operationen Addition und Multiplikation zum Ausdruck, sondern auch das Bestehen einer Anordnung "größer-kleiner" der Zahlen. Die ganzen Zahlen besetzen dabei äquidistante, d.h. sich jeweils durch gleichen Abstand unterscheidende Punkte auf der Zahlengeraden. Die rationalen Zahlen besetzen Punkte dazwischen. Und zwar kann man die rationalen Zahlen so "dicht" legen, wie man will; zwischen zwei rationalen Zahlen liegt nämlich immer noch eine, z.B. das arithmetische Mittel der beiden.

Dennoch reichen die rationalen Zahlen nicht aus, geometrische Größen , wie z.B. die Länge der Diagonalen in einem Quadrat der Kantenlänge 1 oder der Umfang eines Kreises mit Radius 1, allein mit ihnen zu beschreiben. Wir werden zur Erläuterung dieser Tatsache im Abschnitt 6 ein Verhältnis von Strecken (nämlich Diagonale zu Seite im regelmäßigen Fünfeck) näher untersuchen, das nicht durch rationale Zahlen ausgedrückt werden kann. Aus geometrischen Gründen (und nicht aus dem Bestreben, bestimmte Gleichungen zu lösen) ist also der Bereich der rationalen Zahlen nochmals zu erweitern auf den Bereich der reellen Zahlen. Das ist eine mathematisch anspruchsvolle Konstruktion. Es genügt hier die intuitive Vorstellung, dass mit den reellen Zahlen alle Punkte auf der Zahlengeraden erfasst werden, in gewisser Weise also die Stetigkeit beim Durchlaufen einer Geraden beschrieben wird.

5.4 Rationale Zahlen: Rechenregeln und Verwendungsbereiche

Bereits in Abschnitt 5.2 war von den rationalen Zahlen die Rede. Sie werden nach dem algebraischen Prinzip definiert als die Lösungen der Gleichungen

$$b \cdot x = a \qquad \text{mit ganzen Zahlen a und b, } (b \neq 0).$$

Diese Gleichungen geben den "algebraischen Sinn" der rationalen Zahlen ("Brüche") an. So ist also beispielsweise 2/3 diejenige Zahl, die man mit 3 multiplizieren muss, um 2 zu erhalten.

Die Gleichung, die für eine bestimmte rationale Zahl gilt, ist dabei keineswegs eindeutig bestimmt. Etwa genügt der Bruch 2/3 sowohl der Gleichung $3x=2$, wie auch beispielsweise den Gleichungen $12x = 8$ oder $-6x = -4$. Um lästige Fallunterscheidungen zu vermeiden, kann man z.B. die folgende Vereinbarung treffen: Rationale Zahlen sollen stets durch Gleichungen $b \cdot x=a$ mit $b>0$ beschrieben werden. Das ist möglich; denn ein allenfalls auftretendes Minuszeichen kann man ja durch Multiplikation mit (–1) stets beseitigen (vgl. entsprechende Herleitung in 5.2).

Wie in 5.2 exemplarisch vorgeführt, lassen sich aus dieser Auffassung - rationale Zahlen sind die Lösungen linearer Gleichungen mit ganzzahligen Koeffizienten - alle Regeln der sog. Bruchrechnung unter Heranziehung des Permanenzprinzips herleiten (Übung!). Es sind dies (vorkommende Nenner jeweils ≠ 0 !)

$$\text{(Add)} \quad \frac{a}{b} \pm \frac{c}{d} = \frac{a \cdot d \pm c \cdot b}{b \cdot d}$$

$$\text{(Mult)} \quad \frac{a}{b} \cdot \frac{c}{d} = \frac{a \cdot c}{b \cdot d}$$

$$\text{(Div)} \quad \frac{a}{b} : \frac{c}{d} = \frac{a \cdot d}{b \cdot c} \text{(auch } c \neq 0)$$

Mit rationalen Zahlen lassen sich also alle vier Grundrechenarten uneingeschränkt durchführen. Auch die Anordnung der rationalen Zahlen gemäß "größer/kleiner" überträgt sich von den ganzen Zahlen zu den rationalen Zahlen über das algebraische Prinzip. Definieren wir nämlich die beiden rationalen Zahlen x_1(=a/b) und x_2(=c/d) durch ihre Gleichungen

$$b \cdot x_1 = a \quad \text{bzw.} \quad d \cdot x_2 = c$$

und sorgen durch entsprechende Multiplikation mit den von Null verschiedenen, nach obiger Vereinbarung sogar positiven Faktoren b bzw. d für gleiche linke Seiten

$$b \cdot d \cdot x_1 = a \cdot d \quad \text{bzw.} \quad b \cdot d \cdot x_2 = b \cdot c,$$

dann wird man diejenige Zahl (x_1 oder x_2) als die größere ansehen müssen, welche ein größeres Ergebnis produziert. Man beachte, dass der Multiplikator bd eine positive ganze Zahl ist. Damit ergibt sich als Regel für das Vergleichen von Brüchen, d.h. als Definition der "linearen Anordnung in **Q**:

(Lin) $$\frac{a}{b} < \frac{c}{d} \quad \text{falls} \quad a \cdot d < b \cdot c$$

Soweit eine kurze theoretisch orientierte Beschreibung der rationalen Zahlen. Diese war ganz auf die mathematischen Zusammenhänge von ganzen und rationalen Zahlen gerichtet.

Auf der anderen Seite dienen, wie alle mathematischen Gegenstände, auch die rationalen Zahlen der Beschreibung gewisser Aspekte von Wirklichkeit. Und für Lernende sind es diese Bedeutungen, von denen die Lernprozesse ausgehen und auf die sie sich immer wieder zu beziehen haben. Wie bei den natürlichen Zahlen gibt es auch bei den rationalen Zahlen verschiedene Verwendungssituationen. Die wichtigsten sind wohl:

a) Rationale Zahlen beschreiben den Vorgang des Einteilens und Verteilens einer Gesamtheit.

Brüche treten dabei sowohl unter dynamischer, d.h. einen Prozess beschreibender, als auch unter statischer, d.h. einen Zustand beschreibender Sichtweise auf. Das eine Mal meint man beispielsweise mit 5/12, dass man eine Gesamtheit - die "Einheit", den "Kuchen" in der geläufigsten Darstellungsform - in 12 gleiche Teile zu zerlegen hat und 5 davon nehmen soll. Solche Zerlegungen kann man auch mehrmals hintereinander vornehmen und das Ergebnis der entsprechenden Handlungen drückt sich dann als Multiplikation der Brüche aus. Diese dynamische Vorstellung liegt dem Operatormodell der Brüche zugrunde, auf das manche Lehrgänge des Bruchrechnens aufbauen. Andererseits bezeichnet der Bruch aber auch - statisch - das Ergebnis der entsprechenden Teilung; mit 5/12 meint man dann im Bild des sog. Kuchendiagramms einen

Kreisausschnitt mit einem Öffnungswinkel von $5 \cdot 30° = 150°$. Die Bezeichnungen "Zähler" und "Nenner" bei den Bruchzahlen greifen wohl auf beide Aspekte zurück: Der Nenner sagt, von welcher Art die Teilung ist (welchen "Namen" sie also hat), der Zähler "zählt" die Anzahl der Teile.

Unter dem Gesichtspunkt einer bestimmten Verwendungssituation sind dann auch die Rechenregeln entsprechend interpretierbar. Die oben genannte Additionsregel sagt dann aus, dass man zuerst durch weitere Teilungen Bruchteile der gleichen Art, also rationale Zahlen mit gleichem Nenner, herstellen muss und dann erst die entsprechenden Zähler addieren darf.

b) Rationale Zahlen beschreiben Wahrscheinlichkeiten

Das zweite große Anwendungsfeld für rationale Zahlen ist die Wahrscheinlichkeitsrechnung für Experimente mit endlich vielen Ausgängen, die alle gleichwahrscheinlich sind (sog. Laplace-Experimente). Ein Bruch a/b als Wahrscheinlichkeit interpretiert sagt dann aus, dass unter b möglichen Fällen insgesamt a den für das Experiment günstigen Ausgang haben. Das Standardmodell ist die Urne, aus der Kugeln gezogen werden: Befinden sich insgesamt b Kugeln in der Urne und sind davon a weiß, dann zieht man mit der Wahrscheinlichkeit a/b eine weiße Kugel.

Auch hier soll wieder auf die wechselseitige Beeinflussung von Schlüssen im Modell mit inhaltlicher Begründung und mathematisch-abstrakten Beziehungen hingewiesen werden. Hierfür ein Beispiel:

Dass (für positive a, b, x, a–x, b–x) stets $\frac{a-x}{b-x} < \frac{a}{b} < \frac{a+x}{b+x}$ gilt, kann man einerseits mittels der Vergleichsregel (Lin) für rationale Zahlen durch Nachrechnen mathematisch beweisen. Man kann aber auch inhaltlich argumentieren: Wenn mit der Wahrscheinlichkeit a/b das Ziehen weißer Kugeln aus einer Urne mit a weißen Kugeln unter b Kugeln beschrieben wird, dann sagt der Übergang zu (a±x)/(b±x) aus, dass x weiße (!) Kugeln hinzugefügt (+) bzw. weggenommen (-) wurden. Die Wahrscheinlichkeit, eine weiße Kugel aus der veränderten Urne zu ziehen, ist also nach aller Intuition über Wahrscheinlichkeiten gewachsen (+) bzw. hat abgenommen (-). Obige Beziehung muss also gelten, wenn überhaupt die Beschreibung von Wahrscheinlichkeiten mittels Brüchen einen Sinn macht. Damit sind wir wieder zu dem schon mehrmals aufgetretenen Grundgedanken der Beziehung zwischen mathematischen Gesetzen und inhaltlichen Überlegungen zurückgekommen: Erstere müssen notwendig erfüllt sein, wenn die mathematischen Gegenstände für Anwendungen brauchbar sein sollen.

Lesehinweise:

Wer sich intensiver mit den mathematischen Grundlagen der Zahlen auseinandersetzen will, sei auf das folgende, jedoch weit über den hier gesteckten Rahmen hinausgehende, Buch verwiesen:

Ebbinghaus, H.D. u.a.: Zahlen. (=Grundwissen Mathematik, Band 1). Berlin-Heidelberg-New York: Springer 1992 (3. Aufl.)

Die Konstruktion der klassischen Zahlbereiche und damit deren mengentheoretischer Existenznachweis wird ausführlich beschrieben bei

Strehl, R.: Zahlbereiche. Hildesheim: Franzbecker, 1997

Im 6. Schuljahr wird üblicherweise "Bruchrechnung" behandelt. Die im Text beschriebene Spannung zwischen inhaltlicher Deutung und dem formalen Aufbau der Rechengesetze tritt dann voll als didaktisches Problem in Erscheinung. Vgl. dazu:

Padberg, F.: Didaktik der Bruchrechnung. Spektrum Akademischer Verlag 1995,
(2. Aufl.)

Aufgaben zu Kapitel 5

1) Rechnen Sie vorteilhaft

   (152+67)+48   bzw.   67·18 - 28·67

   Geben Sie bei den einzelnen Rechenschritten jeweils das Gesetz an, das ihn erlaubt.

2) Bei der schriftlichen Subtraktion zweier Zahlen verwende man folgende Regel:

Stellenweise bilde man den Unterschied der Ziffern. Ist die untere Ziffer größer, bekommt das Ergebnis einen Strich. Die Differenz gelesen: 2, strich 3, strich 2.

$$\begin{array}{cccc} & 6 & 3 & 1 \\ - & 4 & 6 & 3 \\ \hline & 2 & \bar{3} & \bar{2} \end{array}$$

   Wie kann man solche Zahlen in natürliche Zahlen verwandeln? Was kann man für Rechenregeln aufstellen? ("1+1"-Tafel für Strichzahlen)

3) Bei der schriftlichen Subtraktion zweier dreistelliger Zahlen, z.B. 631 – 463 ergänze man den Subtrahenden zu 999,

	6	3	1			6	3	1
–	4	6	3	⇒	+	5	3	6
					~~1~~	1	6	7
					+			1
	1	6	8	⇐		1	6	8

   addiere dann den Minuenden zu dieser Zahl, streiche die führende Ziffer und addiere sie als Einer zum Ergebnis.

   a) Probieren Sie dieses Verfahren bei weiteren Beispielen.

   b) Begründen Sie die Methode.

   c) Erweitern Sie die Rechenregel, so dass Minuend und Subtrahend unterschiedlich viele Stellen haben können.

4) "Verdreht"

Man wähle 3 verschiedene Ziffern, bilde daraus die größte und die kleinste Zahl. Aus den Ziffern ihrer Differenz bilde man wieder die größte und kleinste Zahl, dann ihre Differenz, usw.

a) Rechnen Sie nach dieser Vorschrift jeweils 5 Beispiele!

b) Notieren Sie alle Beobachtungen, die Sie an den Zwischenergebnissen machen, und versuchen Sie, diese auch zu begründen.

c) Welche Gründe sprechen dafür, dass das Verfahren letztlich auf der Stelle tritt?

d) Was ändert sich, wenn nicht alle Ziffern verschieden sein müssen?

e) Spielen Sie dasselbe Verfahren auch für vierstellige Zahlen durch!

5) Man wähle 3 (versch.?) Ziffern aus und bilde daraus die größte und kleinste dreistellige Zahl. Zur Differenz beider Zahlen bilde man die Spiegelzahl und addiere beide.
   a) Beweisen Sie, dass das Ergebnis stets 1089 ist!
   b) Kann man für vierstellige Zahlen ähnliche Aussagen machen?

6) Erkennen Sie an den Beispielen das Strickmuster solcher Aufgaben! Welche arithmetische Bedingung muss gelten? Geben Sie weitere Beispiele an.

   $36 \cdot 42 = 63 \cdot 24$
   $96 \cdot 23 = 69 \cdot 32$
   $26 \cdot 93 = 62 \cdot 39$

7) Aus den neun Ziffern 1, 2,..., 9 werden 3 dreistellige Zahlen gebildet und addiert.
   Welche kleinsten (größten) Summen lassen sich bilden? Warum sind diese Summen alles Neunerzahlen? Welche Operationen mit den Ziffern verändern eine Summe nicht?
   Wie viele verschiedene Summen kann es höchstens geben?

8) Schwellenrechnen

a) Entnehmen Sie den beiden Schemata, wie man mit der Schwelle 100 die Produkte $96 \cdot 95$ bzw. $98 \cdot 88$ berechnet.

100	
96	4
95	5
96–5=95–4	20
91 20	

100	
98	2
88	12
98–12=88–2	24
86 24	

b) Begründen Sie die Methode.

c) Probieren Sie das Verfahren auch mit anderen Schwellenwerten. Welche Werte als Schwellen sind sinnvoll? Bei welchen Aufgaben ist eine solche Methode günstig?

Kommentar

zu Aufg. 1

Unter "vorteilhaftem" Rechnen versteht man schlechthin das Ausnutzen geeigneter Rechengesetze, um Summen oder Produkte oder kompliziertere Terme zu vereinfachen. Manchmal ist es sinnvoll nachzufragen, warum man bestimmte Umformungen vornehmen darf. Gewisse Rechenvariationen werden wieder einmal reflektiert.

zu Aufg. 2

Ob man diesen Vorschlag zur schriftlichen Subtraktion im Unterricht behandeln sollte, müsste man sorgfältig abwägen. Ein Fehler, der bei der schriftlichen Subtraktion immer wieder vorkommt und hartnäckig zu bekämpfen ist, ist ja gerade, statt abzuziehen, einfach den Unterschied der übereinanderstehenden Ziffern zu bilden, was hier sanktioniert würde. Da hilft auch der Strich nicht viel. Trotzdem ist es vielleicht ganz interessant zu überlegen, ob es Regeln gibt, nach denen man dann "regelgerecht" rechnen kann.

$$\begin{array}{r} 6\ \bar{4}\ \bar{2} \\ +\ 1\ \bar{3}\ \bar{6} \\ \hline 7\ \bar{7}\ \bar{8} \end{array} \qquad \begin{array}{r} 6\ \bar{4}\ \bar{3} \\ +\ 2\ 5\ 2 \\ \hline 8\ 1\ \bar{1} \end{array} \qquad \begin{array}{r} 6\ \bar{2}\ \bar{3} \\ -\ 1\ \bar{5}\ \bar{4} \\ \hline 5\ 3\ 1 \end{array}$$

Notfalls hilft nur ein Zurückspielen der "Strich"-zahlen auf normale Notationen

$$6\bar{4}2\bar{3} = 562\bar{3} = 5617$$

oder ausführlicher

$$6\bar{4}2\bar{3} = 6 \cdot 10^3 - 4 \cdot 10^2 + 2 \cdot 10 - 3 \cdot 1 = 5617$$

oder das Generieren zugehöriger Aufgaben, deren Ergebnis sie sein könnten.

zu Aufg. 3

Statt a–b wird gerechnet a+(999-b) – 1000+1. Man mache sich klar, dass bei der Addition immer eine Zahl zwischen 1000 und 2000 entsteht, so dass als führende Ziffer nur eine 1 in Frage kommt, die gestrichen wird und dann als Einer dazukommt.

Für $a > b$ gilt $\qquad 999 < a + (999-b) < 2000.$

Die rechte Ungleichung gilt, weil die Summe zweier dreistelliger Zahlen maximal *2997* werden kann. Bei unterschiedlich vielen Stellen fülle man den Subtrahenden mit Nullen auf die Stellenzahl des Minuenden, ergänze dann zur entsprechenden Zahl aus lauter Neunern,...:

1 0 1 1 1 0 0 0 1		1 0 1 1 1 0 0 0 1
– 1 1 1 0 1 1 1	⇒	+ 1 1 0 0 0 1 0 0 0
		~~1~~ 0 1 1 1 1 0 0 1
		+ 1
1 1 1 1 1 0 1 0	⇐	1 1 1 1 1 0 1 0

Stellt man sich diese Methode im Zweiersystem vor, so wird sie besonders leicht zu handhaben: Damit hat man im Prinzip die Methode beschrieben, wie Computer intern die Subtraktion zweier Zahlen durchführen.

zu Aufg. 4

Unter den Aufgaben zur Einübung der schriftlichen Subtraktion in der Schule nimmt dieses Beispiel eine besondere Rolle ein. Zunächst muss man, damit man überhaupt etwas erkennt, eine ganze Reihe von Subtraktionen durchführen und wendet dabei den schriftlichen Algorithmus ständig an. Aber auch die Begründung für viele Auffälligkeiten kann man aus dem schriftlichen Verfahren für die Subtraktion entnehmen, wenn man es gründlich verstanden hat.

Zu beobachten sind ganz banale Dinge wie

- in der Mitte steht immer eine 9
- Hunderter und Einer ergeben zusammen 9
- Rechnung wiederholt sich identisch nach dem Ergebnis 495
- Quersumme ist immer 18
- Ergebnisse sind stets Neunerzahlen

aber auch subtilere Aussagen wie

- von Schritt zu Schritt wird der Unterschied von Hunderter und Einer um 2 kleiner
- Da er anfänglich ungerade ist, wird er irgendwann 1, und bleibt dann fest
- Ergebnisse sind Vielfache von 99, unterhalb von 1000

Natürlich sind diese Aussagen nicht unabhängig voneinander und vielleicht kann auch eine Aufgabe zunächst darin bestehen, zu überlegen, welche Aussagen andere zur Folge haben und welche daher bewiesen werden sollten.

Schreibt man einmal für a > b > c das Subtraktionsschema auf, dann ergibt sich

a	b	c
– c	b	a
a–c–1	9	10+c–a

Nimmt man o.B.d.A. x > y an, dann hat man im nächsten Schritt eine Zahl vom Typ 9xy und mit x+y=9 sieht die nächste Rechnung so aus:

9	x	y
– y	x	9
8–y	9	y+1
= x–1	9	y+1

Hieraus kann man alles entnehmen, was zum Beweis der Beobachtungen nötig ist. Dass die Zwischenergebnisse auch Vielfache von 99 sein müssen, erklärt sich aus der Tatsache, dass das Setzen eines Hunderters als Einer bzw. umgekehrt genau diesen Unterschied entstehen lässt.

Auch für vierstellige Zahlen kommt das Verfahren zu einem Ende. Da die Differenzen die Quersummen 18 bzw. 27 haben müssen (davon gibt es nur endlich viele), fängt man sich in einer Schleife; beispielsweise ist 6174 eine Endzahl.

zu Aufg. 5

Mit den Bezeichnungen aus Aufg. 4 hat man nach dem ersten Schritt folgende Addition durchzuführen:

x	9	y
+ y	9	x

Da auch hier x+y=9 ist, kann man das Ergebnis dieser Addition direkt aufschreiben.

Für vierstellige Zahlen hat man analoge Überlegungen. Als Ergebnisse bekommt man 10989 bzw. 10890.

zu Aufg. 6

Hat man erkannt, wie die Beispiele gebildet sind, findet man auch eine Erklärung, beispielsweise indem man eine Zahl $(ab)_{10}$ als 10a+b notiert und entsprechend mit ihr rechnet. Eine weitere Möglichkeit bietet sich durch die Stellentafel an. Hier könnte man auch auf die sog. "Kreuz"-Multiplikation aus dem Mittelalter zurückgreifen, die man den folgenden Beispielen entnehmen kann.

	a	b
·	c	d
a·c	ad+bc	b·d

	b	a
·	d	c
b·d	ad+bc	a·c

Da die Produkte gleich sein sollen, müssen die Ergebnisse ziffernmäßig übereinstimmen: Die Einerziffern der Produkte b·d bzw. a·c müssen gleich sein. Da die Zehnerziffern der Ergebnisse gleich sind und beide sich aus der Einerziffer von ad+bc und einem evtl. Übertrag aus der Einerstelle zusammensetzen, muss auch der Übertrag jeweils gleich sein, d.h. man bekommt als Bedingung b·d = a·c (was man ein zweites Mal bei den Hunderter- bzw. Tausenderziffern verifiziert.) Umgekehrt, wenn für Ziffern a, b, c, d die Bedingung erfüllt ist, bekommt man jeweils 2 Lösungen (wenigstens für Nicht-Quadratzahlen).

$6 \cdot 4 = 3 \cdot 8$ liefert $63 \cdot 48 = 36 \cdot 84$

$68 \cdot 43 = 86 \cdot 34$

zu Aufg. 7

	1	4	7
	2	5	8
+	3	6	9
	7	7	4

Aus einer Anordnung z. B. für die kleinste Summe lassen sich durch Vertauschen der Ziffern innerhalb einer Spalte - was keinen Effekt auf die Summe hat - bzw. innerhalb einer Zeile - was arithmetisch ein Verändern um Vielfache von 9 bedeutet - alle anderen Summen aufbauen. Da die kleinste Summe (774) eine Neunerzahl ist, sind also auch alle weiteren Summen Neunerzahlen. Da die Summe der drei Quersummen 45 (= Summe aller beteiligten Ziffern) ist, muss das Ergebnis auch eine Neunerzahl sein (Quersummenregel).

Die letzte Frage nach der Anzahl aller Summen kriegt man kombinatorisch nicht in den Griff. Am Beispiel einer willkürlich hingeschriebenen Kombination dreier Zahlen sieht man die Schwierigkeiten. Dieselbe Summe lässt sich durch Vertauschen von Ziffern in den Spalten erzeugen, wie auch durch kompensierendes Umstellen von Ziffern in einzelnen Zeilen

654	-9	645		645		546		596
329	+0 →	329	+0 →	389	+0 →	217	+0 →	247
178	+9	187		127		398		318

596		596		196		496		496
247	+0 →	427	+0 →	427	+0	127	+0	527
318		138		538		538		138

Die Anzahl möglicher Summen kann höchstens so groß werden wie die Anzahl der Neunerzahlen zwischen der kleinsten und der größten Summe - ein bescheidenes Ergebnis.

Will man möglichst viele Aufgaben zur selben Summe zusammenstellen, eröffnet sich ein großes Übungsfeld zum Rechnen.

zu Aufg.8

Solche Methoden der Multiplikation sind aus dem Mittelalter überliefert. Natürlich kann man mit jeder Schwelle so rechnen. Für das Dezimalsystem eignen sich eigentlich aber nur die Stufenzahlen, also die 10er-Potenzen. Prinzipiell kann man alle Produkte so bestimmen, günstig ist diese Methode jedoch nur, wenn die Faktoren in der Nähe der Schwellenwerte liegen. Sind die zu multiplizierenden Zahlen oberhalb der Schwelle, werden die entsprechenden Differenzen negativ. Sie werden dann als ganze Zahlen multipliziert und das Produkt je nach Vorzeichen addiert bzw. subtrahiert.

Beispiel: $53 \cdot 46$ bzw. $103 \cdot 105$

50	
53	–3
46	4
53-4=46–(–3)	–12
49· 50	–12
=24 38	

100	
103	–3
105	–5
103–(–5)	
108	15
= 10 815	

Man beachte also, dass die gebildete Differenz der linken Spalte mit der Schwelle multipliziert wird und dann das Produkt der rechten Spalte dazu- oder abkommt. Hier sieht man eben auch besonders deutlich den Vorteil der Schwelle 100. Man muss darauf achten, dass bei einem einstelligen Produkt der rechten Spalte eine Null eingefügt wird. Der Nachweis für die Richtigkeit der Methode gelingt über das Verifizieren der Gleichung

$a-(s-b))\cdot s + (s-a)\cdot(s-b) = a\cdot b;$ s ist der jeweilige Schwellenwert.

6. Teilbarkeitslehre für ganze Zahlen

6.1 Division mit Rest in Z

Die Multiplikation ist im Bereich der ganzen Zahlen nicht allgemein umkehrbar. Inwieweit dies präziser gesagt werden kann, wird im Folgenden untersucht. Diese Überlegungen erfordern nun die gesamte oben skizzierte arithmetische Struktur im Bereich der ganzen Zahlen, also neben Addition und Multiplikation und deren Zusammenhang durch das Distributivgesetz auch die Kenntnis der Anordnung der ganzen Zahlen durch die Größer-kleiner-Beziehung. Dabei kann die Eigenschaft der Division mit Rest auf zwei verschiedene Ideen gegründet werden.

Die erste Idee macht Gebrauch von der Idee der Zahlengeraden. Sind zwei Zahlen a und b gegeben, und will man untersuchen, inwieweit die Gleichung

$$x \cdot b = a \qquad (b \neq 0)$$

im Bereich der ganzen Zahlen nach x auflösbar ist, so liegt es nahe, alle Vielfachen z·b von b zu betrachten:

$$\ldots, (-2)b, \ (-1)b, \ 0, \ b, \ 2b, \ldots .$$

Diese bilden eine Einteilung der Zahlengeraden in gleichlange Intervalle. Offenbar ergibt sich eine solche Einteilung in gleichlange Abschnitte unabhängig davon, ob man b positiv oder negativ nimmt (vgl. die Berechnung von (-3)·(-5) im vorhergehenden Abschnitt). Wir setzen daher ab jetzt b>0 voraus und erhalten die in Figur 6.1 gezeichnete Anordnung mit - wie üblich - nach rechts ansteigenden Zahlenwerten.

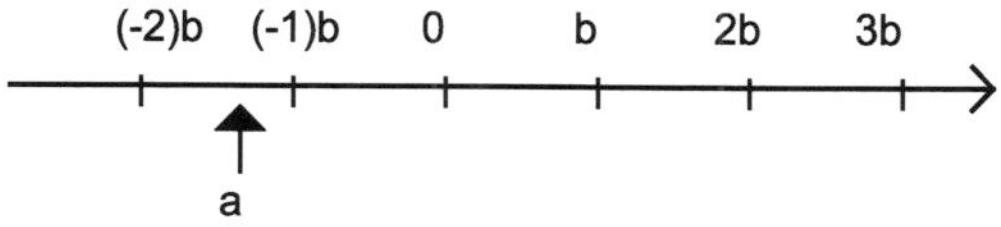

Figur 6.1

Die vorgegebene ganze Zahl a ist ebenfalls auf der Zahlengeraden gelegen, und es gibt daher zwei Möglichkeiten:

1. a liegt genau auf einer der Intervallgrenzen. Dann ist offenbar

$$a = k \cdot b$$

mit einer gewissen ganzen Zahl k. In diesem Fall ist also obige Gleichung in der Tat mit einer ganzen Zahl auflösbar. Man sagt in diesem Falle:

> a ist Vielfaches von b, bzw. b ist Teiler von a, b teilt a, bzw. die Division von a durch b „geht auf".

2. Andernfalls fällt a zwischen zwei Intervallgrenzen, und dann hat man dieses Bild:

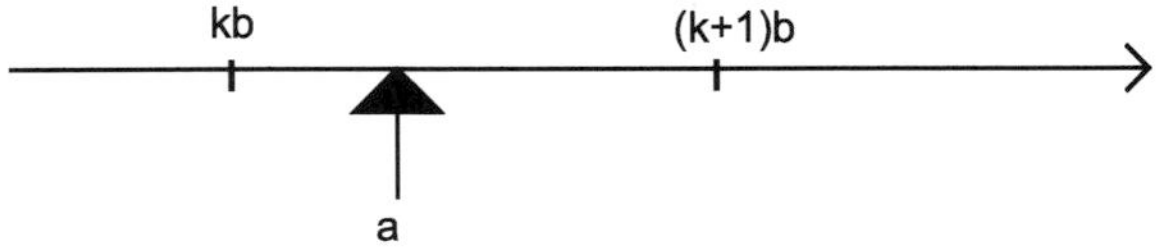

Figur 6.2

Da aber die Länge des Intervalls b ist, muss

$$0 < a - k \cdot b < b$$

gelten. Diese Differenz bezeichnet man als den Rest bei der Division von a durch die Zahl b. Man erhält in jedem Fall eine ganze Zahl k, so dass

$$a = k \cdot b + r \quad \text{mit } 0 \le r < b \text{ gilt.}$$

Eine zweite Idee, dieses Ergebnis zu erhalten, ist es, a als Kardinalzahl zu interpretieren; diese Idee ist somit nur für positve a anwendbar. Nun kann man immer wieder b Elemente wegnehmen und kommt zu den Zahlen a–b, a–2b, ... Dies ist solange möglich, bis nach einer der Subtraktionen $0 \le a{-}kb < b$ auftritt. Damit ist man, jedenfalls für natürliche Zahlen a und b, zur gleichen Aussage wie eben gekommen; Zusatzüberlegungen zeigen, dass auch für negative a ein ähnlicher Ansatz, nämlich durch sukzessives Aufaddieren, möglich ist (Übung!). Daher ergibt sich der

Satz über die „Division mit Rest":

> Sind a und b ganze Zahlen (ohne Einschränkung: b > 0), so gibt es eine ganze Zahl q (den „Quotienten") und eine ganze Zahl r (den „Rest") mit den folgenden Eigenschaften:
>
> $$a = q \cdot b + r \quad \text{mit} \quad 0 \le r < b.$$

Die Zahlen q und r sind im Übrigen durch die angegebenen Eigenschaften eindeutig festgelegt, wie bereits aus der Herleitung klar wird, nach Bedarf aber auch direkt nachgerechnet werden kann.

-R- Die obige Aussage über die Division mit Rest ist einer der wichtigsten Sätze über die ganzen Zahlen. Viele andere Eigenschaften sind von hier aus begründbar. Dies wird sich im Folgenden an der häufigen Benutzung des Satzes über die Division mit Rest zeigen. Daher ist es auch notwendig, die Division mit Rest in der Grundschule äußerst sorgfältig zu behandeln und insbesondere die verschiedenen Schreibweisen hierfür einer genauen und kritischen Analyse zu unterziehen. Dazu als

Lesehinweis:
Winter, H.: Zur Division mit Rest, Der Mathematikunterricht 24(4), (1987), 38 - 65.

6.2 Begriff und elementare Eigenschaften der Teilbarkeit

Eine erste Definition des Begriffs der Teilbarkeit wurde bereits oben gegeben: Die Division durch einen Teiler t von a geht in **Z** auf, mit anderen Worten:

Definition

t heißt Teiler von a, wenn die Gleichung $t\cdot x = a$ in **Z** lösbar ist.

Beschränkt man sich zunächst auf natürliche Zahlen, dann lässt sich die Teilbarkeit wieder auf eine Aufgabe des „Muster-Legens“ zurückführen. Aus a Elementen kann man Rechtecke nur mit solchen Seitenlängen legen, die Teilern von a entsprechen.

Beispiel:

o	o o	
oo o	o o	
o	o o	
o o o	o o	o o o o
o o	o o	o o o o
o o	o o	o o o o
a = 12	a = 12	a = 12
(als Kardinalzahl)	= 2·6	= 3 · 4
	= 6·2	= 4 · 3

Figur 6.3

Die Zahlen, die als mögliche Seitenlängen eines Rechtecks mit a Elementen auftreten, sind also die (natürlichen) Teiler von a.

Der Begriff der Teilbarkeit kann damit in zwei verschiedenen „Sprachen“ gefasst werden, einer eher geometrisch-orientierten Sprache und einer eher algebraische Mittel benutzenden. Beide Ausdrucksmöglichkeiten haben aber durchaus symbolischen und abstrakten Charakter, sie zeigen keine realen Handlungen, sondern Beziehungen zwischen Zahlen auf.

a „teilbar“ durch t
(in Zeichen) t | a

„geometrisch orientierte Sprache“

a ist ein t-Rechteck

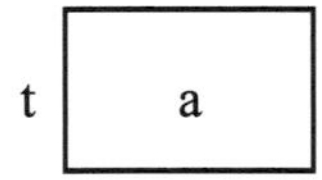

„algebraisch orientierte Sprache“

es gibt eine ganze Zahl t' mit a=t·t'

Figur 6.4

t | a wird ab jetzt laufend als Abkürzung für „t teilt a“, oder „a ist teilbar durch t“ verwendet. Beispielsweise gilt also 6 | 12, 5 | 15, -3 | 21, usw..

Die „geometrische“ Sprache hat den Vorteil, dass man bestimmte Eigenschaften der Teilbarkeit gut übersieht und eine Reihe von qualitativen Schlüssen ziehen kann. Etwa ist in dieser Form die Teilbarkeitseigenschaft

$$1 \mid a \text{ für alle } a$$

fast trivial: Jede Anzahl von Objekten lässt sich in Form einer „Reihe“, d.h. als 1-Rechteck aufstellen. Die „algebraische“ Sprache hingegen erweitert das Konzept der Teilbarkeit auf ganze Zahlen und lässt eine Reihe von weiteren Schlüssen zu. Die Teilbarkeitsregel

$$t \mid 0 \text{ für alle } t \in \mathbf{Z}$$

kann sinnvollerweise nur in diesem algebraischen Kontext begründet werden: Es gilt 0 = t·0 für alle t, und daher hat man die in Figur 6.4

rechts angegebene Beziehung.

Die Teilbarkeitsbeziehung hat eine Reihe von einfachen Eigenschaften, die man jeweils in einer der beiden Sprachen besonders bequem herleiten kann:

1. $t \mid a \Rightarrow (-t) \mid a$, bzw. $t \mid (-a)$, m.a.W.: Bei der Teilbarkeitsbeziehung kommt es nicht auf das Vorzeichen an.

Wegen der vorkommenden Minuszeichen muss die algebraische Sprache benutzt werden.

Falls $a = t \cdot t'$, dann gilt auch $a = (-t) \cdot (-t')$, und $-t'$ ist ebenfalls eine ganze Zahl; das ergibt die erste Folgerung. Aus $(-a) = t \cdot (-t')$ folgt der zweite Teil der Behauptung.

Beim Aufsuchen von Teilern kann man sich also auf die positiven Teiler beschränken, die entsprechenden negativen ergeben sich dann von selbst mit. Ebenso ergibt sich, dass -a die gleichen Teiler hat wie a. Mit der geometrischen Darstellung der Teilbarkeit, die ja nur auf positive Zahlen Bezug nimmt, verliert man also keine wesentliche Information.

2. $t \mid a$ und $t \mid b \Rightarrow t \mid (a \pm b)$ (für alle $a, b \in \mathbf{Z}$)

Der Beweis ist am Durchsichtigsten mittels der "geometrischen" Sprache: Zwei t-Rechtecke, aneinander gelegt oder voneinander weggenommen, ergeben wieder ein t-Rechteck.

3. $a \mid b$ und $b \mid a \Rightarrow a = \pm b$

Beweis „algebraisch“: aus $t_1 \cdot a = b$ und $a = t_2 \cdot b$ ergibt sich $(t_1 \cdot t_2) \cdot b = b$. Die eindeutige (!) Division - hier ohne Rest durchführbar - ergibt $t_1 \cdot t_2 = 1$. Und nun kann „geometrisch“ argumentiert werden: Ein einzelnes Element kann nur als 1*1-Rechteck ausgelegt werden, also sind - nun wieder obige Bemerkung über die Vorzeichen verwendet - für t_1, t_2 nur +1, -1 möglich.

4. $t \mid a$ und $a>0 \Rightarrow t \leq a$

Beweis „geometrisch trivial“: das „längste“ Rechteckmuster ist das $1 \cdot a$-Rechteck

Folgerung aus 4: Zu jeder ganzen Zahl a gibt es nur endlich viele Teiler.

5. $t \mid a \Rightarrow t \mid k \cdot a$ für alle ganzen Zahlen k.

Beweis „algebraisch“ trivial: Assoziativgesetz der Multiplikation verwenden!

6. $1 \mid a$, $a \mid 0$, $a \mid a$ für alle ganzen Zahlen a

Beweise s.o., bzw. $a = 1 \cdot a$.

6.3 Der größte gemeinsame Teiler - Euklidischer Algorithmus

Zwei verschiedene Zahlen a und b haben nach Eigenschaft 6 mindestens den Teiler 1 gemeinsam, manchmal aber noch weitere:

48 hat die Teiler: (±) 1, 2, 3, 4, 6, 8, 12, 16, 24, 48
32 hat die Teiler: (±) 1, 2, 4, 8, 16, 32
gemeinsame Teiler: (±) 1, 2, 4, 8, 16

Für den größten (bzgl. der Größer-kleiner-Relation) unter den gemeinsamen Teilern ist eine Abkürzung üblich: ggT(a,b).

Im obigen Beispiel hat man also 16 = ggT(48,32).

Nun ist das oben angegebene Verfahren, den ggT zu suchen, aber wenig effektiv, denn viele einzelne Rechnungen sind dazu durchzuführen. Kann man den größten gemeinsamen Teiler „intelligenter" berechnen?

Gegeben seien also zwei ganze Zahlen a und b, deren größter gemeinsamer Teiler gesucht ist. Wie schon mehrmals verwendet, kann von $a>0$, $b>0$ und wegen der Symmetrie des Problems auch von $a>b$ ausgegangen werden. Intelligent wäre es wohl, die Aufgabe dahingehend zu vereinfachen, dass der ggT eines Paares kleinerer Zahlen zu suchen ist. Dafür bietet sich eine nahe liegende Strategie an, die sich aus der oben geschilderten geometrischen Idee der Teilbarkeit ergibt: Sind a und b beide t-Rechtecke, dann auch das kleinere(!) t-Rechteck für a–b.

Diese Idee lässt sich folgendermaßen präzisieren: alle gemeinsamen Teiler, insbesondere also auch der größte der gemeinsamen Teiler von zwei Zahlen a und b (o.E. wie oben $0 < b < a$), finden sich als gemeinsame Teiler von b und a–b wieder. Denn es gelten diese Implikationen:

a) $t \mid a$ und $t \mid b \Rightarrow t \mid a-b$

Das ist Teilbarkeitseigenschaft 2. Jeder gemeinsame Teiler von a und b ist also auch Teiler von a-b.

b) $t \mid b$ und $t \mid a-b \Rightarrow t \mid a$

Das ist ebenfalls die Teilbarkeitseigenschaft 2., wenn man $a = b + (a-b)$ beachtet. Also ist auch jeder gemeinsame Teiler von b und a-b ein gemeinsamer Teiler von a und b.

Durch das Abziehen von b verliert man also keinen gemeinsamen Teiler. Insbesondere muss daher der ggT erhalten bleiben; in Formeln ausgedrückt:

$$ggT(a,b) = ggT(a-b,b).$$

Dieses Abziehen kann man aber immer weiter fortsetzen, evtl. gleich mehrfach in einem Schritt verwenden, und so zu immer einfacheren Zahlenpaaren mit dem gleichen ggT kommen. Zunächst ein Beispiel, in dem wir unsystematisch, am Einzelfall orientiert vorgehen:

Berechne ggT (123456, 102) !

Rechnung		Kommentar
		Es werden in jedem Schritt jeweils passende Vielfache von 102 abgezogen. Dabei gilt:
123456		ggT (123456,102) =
−102000	(= 1000·102)	
21456		= ggT (21456,102)
− 20400	(= 200·102)	
1056		= ggT (1056,102)
− 1020	(= 10·102)	
36		= ggT (36,102)
		Nun ist die gleiche Situation wie vorher erreicht, nur dass die Zahl 102 nun die Rolle der größeren Zahl spielt.
102		= ggT (102,36)
− 72	(= 2·36)	
30		= ggT (30,36)
		Wieder wechseln die Rollen von größerer und kleinerer Zahl.
36		= ggT (36,30)
− 30	(= 1·30)	
6		= ggT (6,30)
		An dieser Stelle kann man das Beispiel abbrechen. Da 6 | 30 kommt nur 6 als ggT in Frage.

Offenbar hat das Verfahren noch den Mangel, unsystematisch auf adhoc-Entscheidungen aufzubauen. Es kann aber leicht dadurch systematisiert werden, dass man jeweils die größtmöglichen Vielfachen der kleineren Zahl von der größeren abzieht. Dann greift man aber gerade auf die oben besprochene Division mit Rest zurück. Es entsteht der folgende Algorithmus, der den Namen „Euklidischer Algorithmus" trägt. Dabei wird im Folgenden in der linken Spalte der Verlauf des Algorithmus dargestellt, während in der rechten Kommentarspalte die Begründungen für die Wirksamkeit des Algorithmus, nämlich dass er tatsächlich den ggT berechnet („Verifikation" würde man dafür in der Informatik sagen) und für die Durchführbarkeit, nämlich dass er nach endlich vielen, spätestens b Schritten abbricht („Termination"), angegeben werden.

Euklidischer Algorithmus:

Gegeben: zwei natürliche Zahlen a und b ($0 < b < a$)

Gesucht: ggT(a,b)

Algorithmus	Kommentar
$a - q_1 b = r_1$ mit $0 \le r_1 < b$	
	In jeder Zeile bleibt, wie oben bewiesen, der ggT erhalten. Also: $ggT(a,b) = ggT(b_1,r_1) = \ldots$ Man kann nun mit dem Paar (b_1,r_1) ebenso weiterrechnen, und der ggT bleibt weiterhin erhalten:
$b - q_2 r_1 = r_2$ mit $0 \le r_2 < r_1$	
	$\ldots = ggT(r_1,r_2) = \ldots$
$r_1 - q_3 r_2 = r_3$ mit $0 \le r_3 < r_2$	
	$\ldots = ggT(r_2,r_3) = \ldots$
	wegen $0 \le \ldots < r3 < r2 < r1 < b$ muss man schließlich nach endlich vielen Schritten (höchstens b) bei einem Rest 0 ankommen:
$r_{n-1} - q_{n-1} r_n = r_{n+1}$ mit $0 \le r_{n+1} < r_n$	
$r_n - q_{n+2} r_{n+1} = 0$	
	$\ldots = ggT(r_n,r_{n+1}) = r_{n+1}$.
	Dieses Resultat ergibt sich, weil $r_{n+1} \mid r_n$ aufgrund der letzten Gleichung gilt.

Der Euklidische Algorithmus führt also zu einer schnellen und bequemen Berechnung des größten gemeinsamen Teilers zweier Zahlen. Man erhält diesen als letzten im Algorithmus auftretenden Rest, der von Null verschieden ist.

In numerischen Beispielen kann dabei der Euklidische Algorithmus über mehrere Zeilen laufen, aber auch „ganz kurz“ sein.

1. Beispiel: Gesucht: ggT (324, 99)

$324 - 3 \cdot 99 = 27$
$99 - 3 \cdot 27 = 18$
$27 - 1 \cdot 18 = 9$
$18 - 2 \cdot 9 = 0$.

Also ist 9 der letzte nicht verschwindende Rest und damit der ggT(324, 99).

2. Beispiel: Gesucht: ggT (697, 85)

$697 - 8 \cdot 85 = 17$
$85 - 5 \cdot 17 = 0$.

Also ist der erste auftretende Rest 17 auch der letzte vor dem Rest 0; somit: ggT(697, 85) = 17

Rollt man den Euklidischen Algorithmus sozusagen von hinten her auf, dann ergibt sich diese Rechnung:

$$\begin{aligned} r_{n+1} &= r_{n-1} - q_{n+1} r_n = \\ &= r_{n-1} - q_{n+1}(r_{n-2} - q_n r_{n-1}) = \\ &= -q_{n+1} r_{n-2} + (1 + q_{n+1} q_n) r_{n-1} = \\ &= \ldots \end{aligned}$$

Im nächsten Schritt kann man ebenso zu einer Linearkombination aus den vorausgehenden Resten r_{n-2}, r_{n-3} zurückrechnen. Schließlich wird man

$$r_{n+1} = X \cdot a + Y \cdot b$$

mit gewissen, aus den im Euklidischen Algorithmus vorkommenden Quotienten $q_1, q_2, \ldots$ gebildeten, ganzen Zahlen X und Y erhalten.

Beim obigen 1. Beispiel rechnet man also so:

$$\begin{aligned} 9 &= 27 - 1 \cdot 18 \\ &= 27 - (99 - 3 \cdot 27) \\ &= -99 + 4 \cdot 27 \\ &= -99 + 4(324 - 3 \cdot 99) \\ &= 4 \cdot 324 - 13 \cdot 99 \end{aligned}$$

Alle bisherigen Ergebnisse lassen sich zusammenfassen im folgenden

Satz über den Euklidischen Algorithmus

Der Euklidische Algorithmus gestattet es, den größten gemeinsamen Teiler zweier ganzer Zahlen zu berechnen: Es ist der letzte von Null verschiedene Rest, der im Algorithmus auftritt.

Der ggT(a,b) hat eine Darstellung

$$\mathrm{ggT}(a,b) = X \cdot a + Y \cdot b$$

mit ganzen Zahlen X und Y. Auch diese Zahlen kann man mit dem Euklidischen Algorithmus berechnen.

Der Euklidische Algorithmus deckt aber noch mehr auf. Ist t irgendein gemeinsamer Teiler von a und b, dann teilt dieser auch den ersten Rest r_1 (erste Zeile im E.A.), deshalb auch den zweiten Rest (zweite Zeile), usw., bis man bei $\mathrm{ggT}(a,b) = r_{n+1}$ ankommt. Ein gemeinsamer Teiler von a und b ist also nicht nur kleiner als der ggT, er teilt diesen sogar. Es gilt also

$$t \mid a \text{ und } t \mid b \;\Rightarrow\; t \mid \mathrm{ggT}(a,b).$$

Die Umkehrung dieser Aussage ist offenbar trivial. Also sind die gemeinsamen Teiler von a und b genau die Teiler des ggT(a,b).

6.4 -M- Zur Geschichte des Euklidischen Algorithmus: Vom Verfahren der Wechselwegnahme zur Entdeckung irrationaler Größenverhältnisse in der griechischen Mathematik

Die Bezeichnung „Euklidischer Algorithmus“ verweist auf den griechischen Gelehrten Euklid, der um etwa 310 v. Chr. als Mathematiker am „Museion“ von Alexandria, einer Art universellem Forschungsinstitut, lehrte. In seinem wissenschaftlich-systematisch angelegten Buch „Elemente“, das über Jahrhunderte hinweg als das mathematische Lehrbuch schlechthin galt (... mit zweifelhaften Auswirkungen auf die Entwicklung einer mathematik-didaktischen Kultur – aber das ist eine andere Geschichte ...), fasste er das mathematische Wissen seiner Zeit zusammen. Darunter war auch der heute nach ihm benannte Algorithmus.

Algebraische Rechnungen mit Zahlen erschienen damals in der griechischen (wissenschaftlichen!) Mathematik allerdings als Operationen mit

Strecken, die diese Zahlen repräsentierten. Addieren hieß also - nicht viel unterschieden vom hier schon mehrfach eingenommenen Standpunkt - Zusammenlegen von Strecken, die Subtraktion bedeutete das Abtragen von Strecken, und die Teilbarkeit einer Zahl wurde als die - im Wortsinn - Unter-Teilbarkeit einer Strecke in Abschnitte entsprechender Länge gesehen, also etwa so:

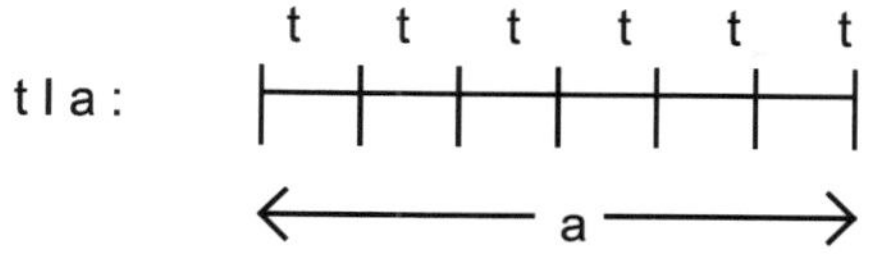

Figur 6.5

Die Suche nach dem größten gemeinsamen Teiler zweier Zahlen gestaltete sich also als Suche nach dem (größten, weil am ökonomischsten) gemeinsamen Maß zweier Strecken. Beispielsweise lassen sich zwei Strecken der Länge 12 bzw. 8 Einheiten durch ein gemeinsames Maß von 4 Längeneinheiten messen:

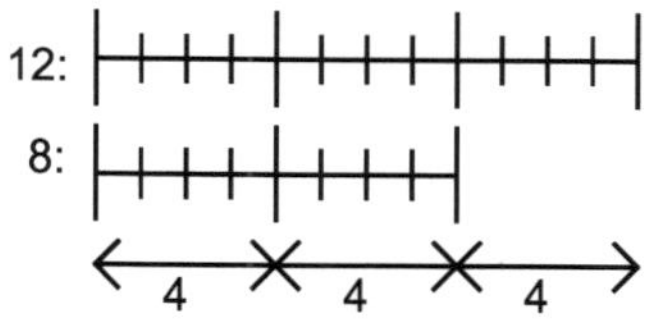

Figur 6.6

Wie aber findet man das gemeinsame Maß zweier Strecken? Offenbar - mit gleicher Begründung, die auch oben für das algebraisch ausgerichtete Abziehverfahren gegeben wurde - durch sukzessives Abtragen der jeweils kleineren Strecke von der größeren. Dies wurde in Form eines Verfahrens innerhalb eines Rechtecks dargestellt, dessen Seiten die zwei vorgegebenen Strecken bilden, und konnte demnach mit Zirkel und Lineal vollständig durchgeführt werden:

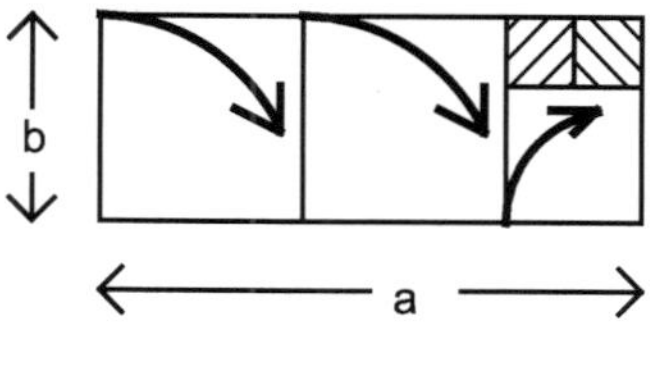

Figur 6.7

Es ergibt sich so das Verfahren der sog. Wechselwegnahme, das nichts anderes als die Durchführung des Euklidischen Algorithmus in einer geometrischen Sprache ist. Das Verfahren ist offenbar dann zu Ende, wenn man ein Quadrat erreicht hat; dann gibt es nämlich keine kleinere Strecke mehr, die man von einer größeren wegnehmen könnte.

Haben die zwei Strecken a und b ein gemeinsames Maß, dann spielt sich das ganze Wechselwegnahme-Verfahren auf einem (unsichtbaren!) Karo-Muster ab und muss deshalb zwangsläufig abbrechen, spätestens dann, wenn man auf die Karogröße gestoßen ist. Umgekehrt lässt sich dann, wenn man auf ein Quadrat stösst, mit diesem ein Karomuster aufbauen, das auch die Strecken a und b als Gitterstrecken enthält. In unserer heutigen Schreibweise bedeutet das Bestehen eines gemeinsamen Maßes d für a und b, dass

$a = m \cdot d$ mit ganzer Zahl m und
$b = n \cdot d$ mit ganzer Zahl n

gilt, dass also das Streckenverhältnis a:b eine rationale Zahl ist.

Findet man daher zwei Strecken, bei denen die Wechselwegnahme aus prinzipiellen geometrischen Gründen nicht enden kann, dann muss in unserer Sprechweise das entsprechende Zahlenverhältnis eine irrationale Zahl sein, in der Sprechweise der Griechen ist es also nicht möglich, für diese Strecken ein gemeinsames Maß zu finden, man nennt sie daher inkommensurabel. Gibt es tatsächlich inkommensurable Strecken, dann ist gezeigt, dass man mit rationalen Zahlen allein keine ausreichende Basis für die Geometrie hat, dass man also noch weitere Zahlen, z.B. die reellen Zahlen, braucht (vgl. Kap. 5.3).

In der Tat fanden die Griechen - man nennt Hippasos von Metapont aus der Schule der Pythagoreer als den vermutlichen Entdecker in der Zeit um 480 v. Chr. - ein solches Beispiel für inkommensurable Strecken.

Man betrachte ein regelmäßiges Fünfeck mit seinen Diagonalen und mache sich zunächst die vielen geometrischen Beziehungen in dieser Figur klar (Parallelen, gleiche Winkel, gleichschenklige Dreiecke, usw.).

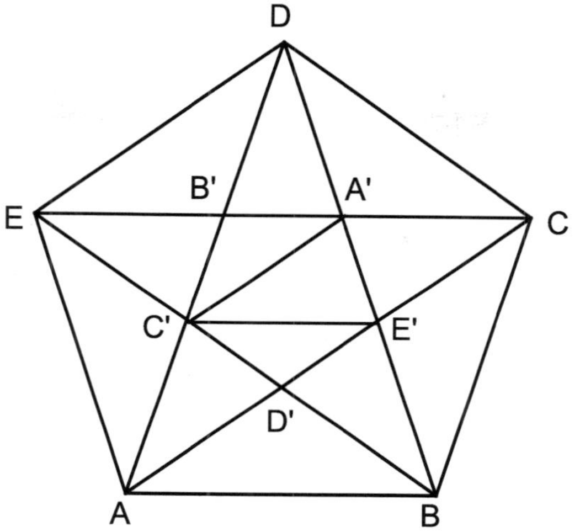

Figur 6.8

Wir führen nun die Wechselwegnahme, also den Euklidischen Algorithmus „auf geometrisch“, mit den Strecken AB, der Seite des Fünfecks, und EC, einer Diagonalen des Fünfecks durch:

Beim ersten Wegnehmen bleibt die Strecke A'C übrig (Parallelogramm ABA'E). Diese ist so lang wie die Diagonale E'C' im inneren Fünfeck (Parallelogramm E'CA'C'). Zieht man diese nun wieder von der Fünfeckseite AB, die auch als B'C zu sehen ist, ab, dann verbleibt A'B' als Rest (Parallelogramm ABCB').
Also ist man nach zweimaligem abwechselndem Abziehen zu den beiden Strecken E'C' und A'B' gekommen. Diese sind aber wieder Diagonale und Seite in einem regelmäßigen Fünfeck. Die Situation ist wie vorher. Das Verfahren kann also niemals abbrechen.

Diese beiden Strecken haben also kein gemeinsames Maß, sie sind inkommensurabel. Im Rechteckschema durchgeführt ergibt sich also dies:

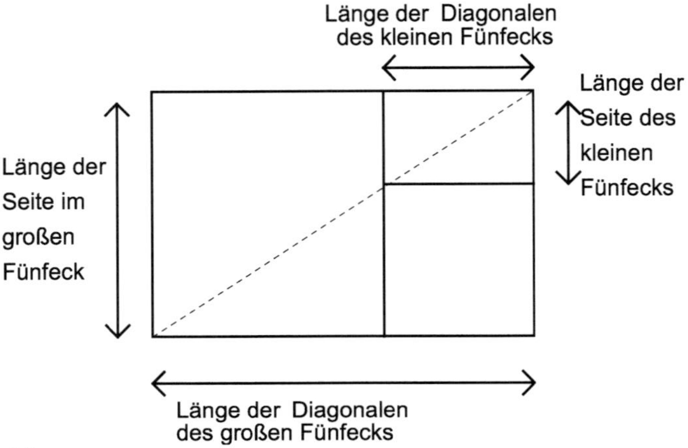

Figur 6.9

Das kleine Rechteck oben rechts ist ähnlich zum gesamten Rechteck, es hat das gleiche Seitenverhältnis (und zwar Diagonale : Seite = $(\sqrt{5} - 1) : 2$. Das Nichtabbrechen des Verfahrens der Wechselwegnahme zeigt, dass dieses Verhältnis keine rationale Zahl sein kann.

-R- Man mache sich bewusst, dass man es in diesem Stück griechischer Mathematik mit einer vollkommen theoretischen, aufs Prinzipielle ausgerichteten Mathematik zu tun hat, im Vergleich zu den eher auf praktisches Rechnen bezogenen Methoden der Babylonier und Ägypter, die in Kap. 3 besprochen wurden. „Mathematik" wird man beides nennen dürfen, denn jedesmal kommt es auf das geistige Durchdringen von Beziehungen zwischen Zahlen, Formen, Maßen usw. an, wenngleich jeweils aus unterschiedlichen Beweggründen.

Lesehinweis:
Eine Umsetzung der Problematik der Inkommensurabilität in eine Unterrichtsreihe beschreiben
Artmann, B. und Seeger, V.: Geschichte, Geometrie und Irrationalzahlen: Drei Stunden in der Klasse 9. Der Mathematikunterricht 28(4), (1982), 20 - 29

6.5 Das kleinste gemeinsame Vielfache - Zusammenhang mit dem ggT

Ebenso wie nach gemeinsamen Teilern kann man auch nach gemeinsamen Vielfachen zweier ganzer Zahlen a und b fragen. Wieder gilt das schon oben über die Vorzeichen ± Gesagte: Diese spielen keine Rolle, denn mit k·a ist auch (-k)·a und k·(-a) und (-k)·(-a) ein Vielfaches von a. Es genügt also, wieder von natürlichen Zahlen a und b auszugehen.

Beispiel: a = 8 , b = 6
Vielfache von 8: ... , -24, -16, -8, 0, 8, 16, 24, 32, 40, 48, ...
Vielfache von 6: ... , -24, -18, -12, -6, 0, 6, 12, 18, 24, ...
gemeinsame Vielfache: ..., -24, 0, 24, ...

Stets ist dabei 0 ein gemeinsames Vielfaches von a und b (siehe obige Teilbarkeitseigenschaft 6). Das dann (der Größe nach) als nächstes auftretende positive Vielfache von a und b nennt man kgV(a,b), das „kleinste (positive) gemeinsame Vielfache" von a und b. Während es zu zwei Zahlen nur endlich viele gemeinsame Teiler gibt, die sämtlich Teiler des ggT sind, gibt es unendlich viele gemeinsame Vielfache. Hat man nämlich eines davon, etwa v = a·b, ein gemeinsames Vielfaches, das man immer bilden kann, dann sind auch ±1·v, ±2·v, ±3·v usw. gemeinsame Vielfache. In allen gemeinsamen Vielfachen von a und b steckt kgV(a,b) als Teiler, wie gleich überlegt werden wird. Zwischen ggT und kgV herrscht also eine weitreichende Analogie. Diesen Beziehungen wird nun näher nachgegangen.

Die Untersuchungen stützen sich wieder auf die Beobachtung gewisser geometrischer Regelmäßigkeiten. Gegeben sind also zwei natürliche Zahlen a und b, wovon wieder a die größere sei. Von dem problemlosen Sonderfall b | a, wo also ggT(a,b) = b und kgV(a,b) = a gilt, sehen wir zunächst ab.

Nun stelle man sich einen Streifen in einer beliebigen (später wird auch dies noch speziell gewählt) Breite s über der Zahlengeraden vor, auf dem in verschiedenen Farben - bzw. ausgezogen/gestrichelt - an den Stellen, wo sich Vielfache von a bzw. b befinden, Einteilungen markiert sind:

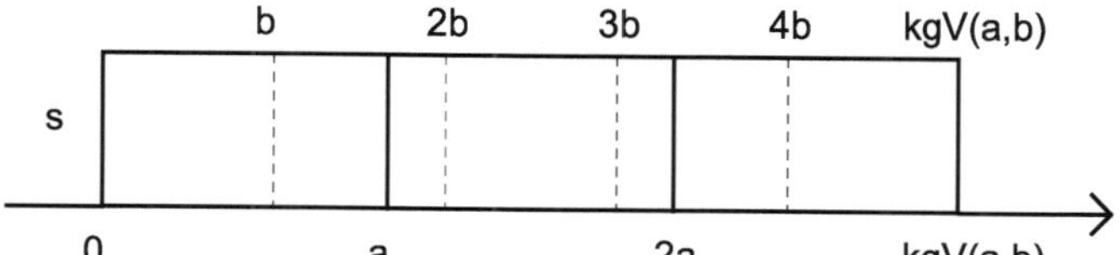

Figur 6.10

Dort, wo die beiden Arten von Markierungen zum ersten Mal nach 0 wieder aufeinandertreffen, liegt offenbar das kgV(a,b). Der Streifen erstreckt sich also von 0 bis kgV(a,b), und wir bezeichnen ihn daher als „kgV-Diagramm“, hierbei und im Folgenden an J. Ziegenbalg: Geometrische Veranschaulichungen im Bereich der Teilbarkeitslehre. MNU 31, 332 - 334 (1978) orientiert.

An diesem kgV-Diagramm lassen sich eine Reihe von Beobachtungen machen, die durch ein Zusammenspiel von arithmetischen und geometrischen Überlegungen begründet werden und schließlich zum Endresultat führen:

1. Das kgV-Diagramm ist symmetrisch zu seiner (senkrecht stehenden) Mittellinie.

Begründung: Dem Aufbau des kgV-Diagramms von links her entspricht genau ein Abbau von rechts bei der Stelle kgV beginnend. Jeweils werden nämlich nur immer wieder Strecken der Längen a bzw. b auf der Zahlengeraden abgetragen.

2. Würde man das Abtragen der Strecken a bzw. b über 0 nach links bzw. kgV nach rechts hinaus fortsetzen, dann erschiene immer wieder das Muster des kgV-Diagramms.

Begründung: Immer wenn das Abtragen der a- bzw. b-Strecken zusammenfällt, beginnt der gleiche Prozess wie beim Beginn des kgV-Diagramms. - Insbesondere treffen also a- und b-Einteilungen nur bei 0, ±kgV(a,b), ±2·kgV(a,b) usw. aufeinander.

Folgerung: Jedes gemeinsame Vielfache von a und b ist auch Vielfaches von kgV(a,b).

3. Jeder im kgV-Diagramm und in allen möglichen Fortsetzungen vorkommende (waagerechte) Abstand zwischen zwei (senkrechten) Einteilungen wird von d = ggT(a,b) geteilt.

Begründung: Da die a-Einteilungen an den Stellen $x \cdot a$ (x ganzzahlig), die b-Einteilungen bei $y \cdot b$ (y ganzzahlig) liegen, werden die Abstände durch $xa - yb$ gemessen. Aber d teilt alle so entstehenden Zahlen.

4. Es gibt im kgV-Diagramm einen Abstand zwischen zwei Einteilungen, der genau die Länge d = ggT(a,b) hat.

Begründung: Aus dem Satz über den Euklidischen Algorithmus weiß man, dass $d = Aa + Bb$ mit ganzen Zahlen A und B gilt. Irgendwo im unbegrenzt fortgesetzt gedachten Diagramm tritt also der Abstand d auf. Und zwar tritt er derart auf, dass eine seiner Begrenzungen eine a-Einteilung, die andere eine b-Einteilung ist. Wäre das nämlich nicht so, wäre also der Abstand d zwischen zwei b-Einteilungen, dann wäre offenbar d ein Vielfaches von b, also $d = b$, weil ja $d \leq b$ gilt; in diesem Falle wäre man also im oben ausgeschlossenen Trivialfall.

Wegen der Symmetrie des kgV-Diagramms nach 1. kann man sogar genauer verlangen, dass die linke Grenze des Streifens der Länge d eine a-Einteilung ist. Wegen $d < a$ ragt der d-Abstand dann nicht über das a-Intervall hinaus. Da aber außerhalb des kgV-Diagramms keine anderen Muster als innerhalb auftreten, muss d schon innerhalb des kgV-Diagramm selbst als Abstand von Einteilungen auftreten.

Ergänzung: d tritt im kgV-Diagramm als Abstand von einer a-Markierung (links) zu einer b-Markierung (rechts) auf.

Folgerung (aus 3. und 4.): $d = \text{ggT}(a,b)$ ist die kleinste positive Zahl, die eine Darstellung als $xa - yb$ mit ganzzahligen x und y gestattet.

Folgerung (aus 4.): Die Darstellung $d = xa - yb$ ist schon möglich mit

$$0 \leq x < \text{kgV}(a,b)/a \quad \text{und} \quad 0 \leq y < \text{kgV}(a,b)/b.$$

Denn d tritt innerhalb des kgV-Diagramms als Streifenlänge auf, braucht also als Begrenzungen keine über dieses Diagramm hinausgehenden Einteilungen. Da das kgV-Diagramm symmetrisch ist, kann man die Vorzeichen von x und y wie angegeben einstellen. Es gilt die strenge Kleiner-Beschränkung, weil die letzte Markierung nicht als Grenze auftreten kann. (Übrigens bleibt hier offen, ob der Euklidische Algorithmus stets solche Zahlen x und y liefert, die dieser Zusatzbedingung genügen.)

5. Im kgV-Diagramm treten alle Zahlen 1d, 2d, 3d, ..., (k-1)d, wobei k durch $k \cdot d = a$ bestimmt ist, als Abstände zwischen einer a-Einteilung (links) und einer b-Einteilung (rechts) auf.

Begründung: Man multipliziere die nach 4. erreichte Darstellung $d = Aa - Bb$ mit $j = 1, 2,...,(k-1)$. Dann ergibt sich, dass $j \cdot d$ jedenfalls im fortgesetzt gedachten Muster der a- und b-Markierungen als Abstand vorkommt. Und zwar als solcher, der bei einer a-Markierung (links) beginnt und bei einer b-Markierung (rechts) endet. Da aber $j \cdot d < a$ ist, wird dieser Abstand ganz innerhalb eines a-Intervalls gefunden. Wieder aufgrund der laufenden Wiederholung des Musters des kgV-Diagramms muss ein ebensolcher Abschnitt bereits innerhalb des kgV-Diagramms vorhanden sein.

6. Man stelle sich nun das kgV-Diagramm auf eine transparente Folie gezeichnet vor. Wird es längs der a-Einteilungen zerschnitten und die entstandenen Streifen der Länge a alle übereinandergeschoben, dann schimmern die b-Einteilungen durch. Es entsteht ein Diagramm dieser Art:

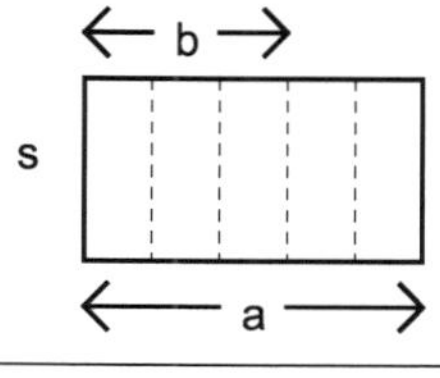

Figur 6.11

Wir nennen dieses so entstandene Diagramm (immer noch J. Ziegenbalg folgend) das „ggT-Diagramm" zu a und b. Diese Bezeichnung ist gerechtfertigt, weil gilt:

Das ggT-Diagramm besteht aus lauter Streifen der Länge d = ggT(a,b).

Begründung: Dies ist eine unmittelbare Folgerung aus der in 5. beschriebenen Darstellung: Von der linken a-Begrenzung aus sind alle Abstände d, 2d, .., (k-1)d vertreten. Diese füllen wegen $k \cdot d = a$ das gesamte a-Intervall aus.

7. Im ggT-Diagramm gibt es ebenso viele b-Markierungen wie im kgV-Diagramm.

Begründung: Man muss also überlegen, dass beim Verfahren des Zerschneidens und Zusammenschiebens keine zwei b-Einteilungen im kgV-Diagramm übereinander gelegt werden und sich dann gegenseitig verdecken. Wäre dies der Fall, dann wäre $x_1a - y_1b = x_2a - y_2b$ mit $0 \le x_1, x_2 < \text{kgV}(a,b)/a$ und $0 \le y_1, y_2 < \text{kgV}(a,b)/b$. Damit ergibt sich, dass $(x_1 - x_2)a = (y_2 - y_1)b$ gilt, also $(x_1-x_2)a$ ein gemeinsames Vielfaches von a und b ist. Mithin ist diese Zahl nach der Bemerkung zu Beginn der Überlegungen ein Vielfaches von kgV(a,b). Aber die Einschränkungen für x_1 und x_2 lassen das nicht zu; denn aus diesen ergibt sich $|x_1-x_2| \cdot a < \text{kgV}(a,b)$ im Gegensatz zur Minimalität des kgV.

Folgerung: Das ggT-Diagramm besteht aus kgV(a,b)/b Streifen von der Länge d.

Begründung: Denn ebenso viele b-Einteilungen muss man im kgV-Diagramm vornehmen, bis man zu kgV(a,b) kommt.

8. Nun wählen wir als Streifenbreite s des ggT-Diagramms speziell s = b.

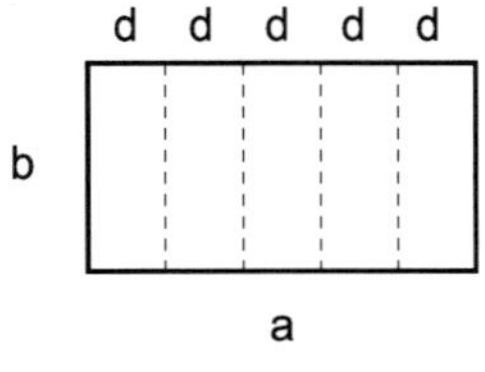

Figur 6.12

Dann hat das ggT-Diagramm einerseits die Fläche $a \cdot b$. Andererseits kann man es sich auch aus den d-Streifen zusammengesetzt denken:

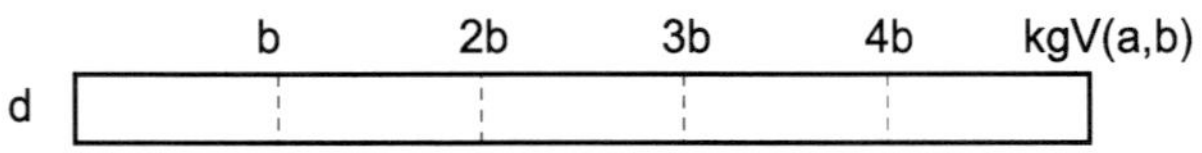

Figur 6.13

Dann sind es nach der Folgerung aus 7. gerade so viele Streifen, dass ein $d \cdot \text{kgV}(a,b)$ - Rechteck entsteht.

Damit ergibt sich als Endresultat $a \cdot b = ggT(a,b) \cdot kgV(a,b)$. Offenbar gilt dies auch für den zunächst aus der Betrachtung ausgeschlossenen Trivialfall $b \mid a$; damit hat man insgesamt

Satz über ggT und kgV

Sind a und b ganze Zahlen, dann gilt zwischen a, b und ihrem ggT und kgV die Beziehung

$$a \cdot b = ggT(a,b) \cdot kgV(a,b).$$

Lesehinweis:

Weitere Möglichkeiten, den Zusammenhang zwischen ggT und kgV aufzudecken, werden geschildert bei:

Hering, H.: Ein Beitrag zum präformalen Beweisen. - $a \cdot b = kgV(a,b) \cdot ggT(a,b)$ in der Orientierungsstufe. mathematica didactica 7, (1984), 37 - 47

Aufgaben zu Kapitel 6

1) Interpretieren Sie die folgenden Teilbarkeitsaussagen (a, b, r, s, t∈**N**) geometrisch:

   i) $t \mid a$ und $t \mid b \Rightarrow t \mid ka + lb$ für alle $k,l \in \mathbf{N}$

   ii) $r \mid a$ und $s \mid b \Rightarrow r \cdot s \mid a \cdot b$

   iii) $r \mid s$ und $s \mid t \Rightarrow r \mid t$

   iv) $r \mid s$ und $s \mid r \Rightarrow r = s$

2) Wie viele Zahlen von 1 bis einschl. 100 sind durch 2 und 3, 2 oder 3, weder durch 2 noch durch 3, durch 2, 3 oder 5 teilbar?

3) Für welche Teilbarkeiten (bis 100) kennt man Endstellenregeln? Durch welche allgemeine Teilbarkeitsaussage lassen sie sich begründen?

4) Die folgende Methode prüft eine Zahl auf ihre Teilbarkeit durch 7.

1. Beispiel: Gilt $7 \mid 16\,385$?

1	6	3	8	~~5~~
	-	1	0	
1	6	2	~~8~~	
-	1	6		
1	4	~~6~~		
-1	2			
	2			

$7 \mid 2$ also $7 \mid 16\,385$

2. Beispiel: Gilt $7 \mid 64\,428$?

6	4	4	2	~~8~~
	-	1	6	
6	4	2	~~6~~	
-	1	2		
6	3	~~0~~		
-	0			
6	3			

$7 \mid 63$ also $7 \mid 64\,428$

a) Wenden Sie dieses Verfahren auf die beiden Zahlen 865578 bzw. 147852 an und begründen Sie es!

b) Wie müsste das Verfahren aussehen, wenn man eine Zahl auf Teilbarkeit durch 17 prüfen würde?

c) Für welche anderen Teilbarkeiten eignet sich das Verfahren - entsprechend modifiziert - auch noch?

5) Reste der Stufenzahlen

a) Errechnen Sie, welche Reste die Stufenzahlen 10^n bei der Division durch 7 lassen und vervollständigen Sie die Tabelle:

10^6	10^5	10^4	10^3	10^2	10^1	10^0
				2	3	1

Welchen Rest lässt 543 bei Division durch 7?

$543 = 5 \cdot 100 + 4 \cdot 10 + 3 \quad \Rightarrow \quad 5 \cdot 2 + 4 \cdot 3 + 3 \cdot 1 = 25$

543 lässt den Rest 4, weil 25 bei Division durch 7 den Rest 4 lässt.

Wenden Sie diese Methode für folgende Zahlen an: 3211123, 5647865, ...

b) Begründen Sie die Methode!

c) Schreiben Sie eine weitere Tabelle für die Division mit 11. Welche Reste lassen 1360194 bzw. 1360200 beim Teilen durch 11?

d) Welche Teilbarkeitsregeln gewinnt man aus der Tabelle für die 11?

6) Neunerprobe

Zur Prüfung, ob ein Produkt richtig berechnet ist, wendet man folgende Regel an:

$$2345 \cdot 76543$$
$$= 179493335$$

Multipliziere die Neunerreste der Faktoren miteinander:

Neunerrest von 2345 = 5; Neunerrest von 76543 = 7 also $7 \cdot 5 = 35$

und suche wieder den Neunerrest von 35 = 8.

Dieser Rest muss mit dem Neunerrest des Ergebnisses der Multiplikationsaufgabe übereinstimmen: Neunerrest von 17493335 = 8

a) Wie kann man den Neunerrest einer Zahl - möglichst einfach - berechnen?

b) Begründen Sie die Methode der Neunerprobe.

c) Welche Fehler bei der schriftlichen Multiplikation bleiben trotzdem unentdeckt? Welche Aussage kann man machen, wenn die zu vergleichenden Neunerreste nicht übereinstimmen?

7) Aufgeschrieben sind die letzten 3 Zeilen eines "Euklidischen" Algorithmus. Schreiben Sie zwei Zeilen so darüber, dass diese vom Verfahren her passen und die Ausgangszahlen zwischen 500 und 1000 liegen.

$$153 = 3 \cdot 48 + 9$$
$$48 = 5 \cdot 9 + 3$$
$$9 = 3 \cdot 3 + 0$$

Wie heißt der ggT?

Geben Sie alle Paare aus dem Algorithmus an mit demselben ggT.

Stellen Sie den ggT als Linearkombination der Ausgangszahlen dar.

8) Math. Golf

a) Von einer Startzahl S soll man durch geeignete Additionen/Subtraktionen gegebener Zahlen a,b (Schläge) zu einer Zielzahl Z gelangen.

Probieren Sie es für folgende Werte:

	S	20	20	20
Schläge	a,b	±9, ±13	±4, ±12	±6, ±9
	Z	66	50	59

b) Versuchen Sie zu begründen, warum es manchmal geht und manchmal nicht!

9) Bei einem regelmäßigen 36-Eck hat man in den Ecken Nägel eingeschlagen. Von einem Ausgangsnagel spannt man einen Faden zu jedem n-ten Nagel. Es entstehen sog. Fadengrafiken.

- In der Figur 6.14 sind 5 Fadengrafiken dargestellt. Ermitteln Sie die jeweiligen Spannregeln.

- Für das folgende ist die Ausgangsfigur ein regelmäßiges 24-Eck .

Von einem Anfangsnagel spannt man einen Faden zu jedem 2. (3., 4., 6. bzw. 8.) Nagel, solange bis man zum Ausgangsnagel zurückkommt. Was für Vielecke entstehen?

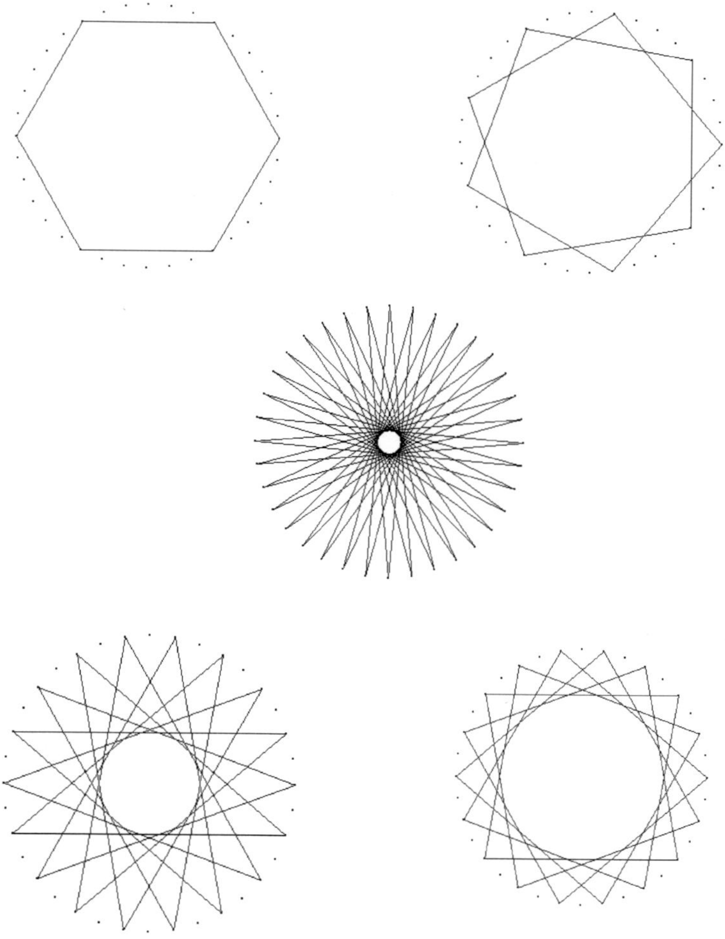

Figur 6.14

Von einem Ausgangsnagel wird jeder 5. (10.) Nagel umspannt. Nach wie vielen Umläufen kommt man zum ersten Mal zum Ausgangsnagel zurück? Wird jeder Nagel umspannt?

Wie muss man den Faden spannen, dass man frühestens nach 2 (3) Umläufen zum Ausgangsnagel zurückkommt?

10) Peter kann von zwei Sorten Bonbons kaufen. Sorte A kostet 5 c, Sorte b 7 c das Stück. Er bezahlt insgesamt 1,20 €. Welche Mengen von Sorte A und B könnte er gekauft haben?

Kommentar

zu Aufg. 1

Wie in der Vorlesung schon an mehreren Stellen vorgestellt, soll auch hier die "geometrische" Sprache der Teilbarkeit verwendet werden. t|a bedeutet dann, die Fläche der Größe a kann als Rechteck mit einer Seite t und einer weiteren ganzzahligen Kante dargestellt werden.

Bei der sog. "Transitivität der Teilerrelation" iii) mischt man zwei "geometrische" Interpretationen der Teilbarkeit. Da s|t gilt, kann man t als s-Rechteck zeichnen. Wegen r|s kann man die Kante s in Abschnitte der Länge r unterteilen und damit das anfängliche Rechteck in Streifen der Breite r zerlegen. Neu zusammengelegt entsteht so ein Rechteck der Fläche t mit einer Kante r.

Bei der Teilbarkeitsaussage iv) kann man sich so helfen: Man zeichnet ein Rechteck mit den Kanten r und s. Da r|s gilt, kann man die Kante s in Abschnitte der Länge r aufteilen; ebenfalls wegen s|r die Kante r in Abschnitte der Länge s. Unterteilt man das Rechteck wie in der Abbildung, so ist jedes kleine Rechteck von der Größe r·s wie auch das ursprüngliche Rechteck. Der Widerspruch löst sich nur dann, wenn durch das Aufteilen der Kante r bzw. s praktisch keine Unterteilung des Rechtecks vorgenommen wird, d.h. aber r=s.

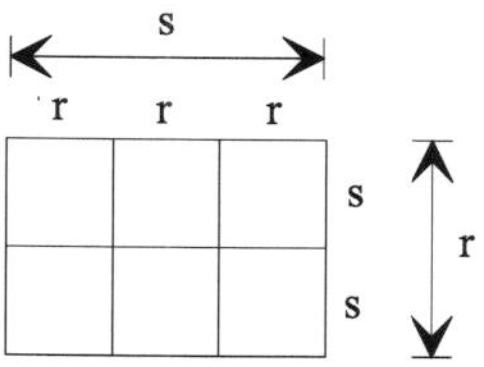

Figur 6.15

zu Aufg. 2

Veranschaulichen lässt sich dieser Sachverhalt durch ein Venndiagramm. Grundmenge sind die Zahlen von 1 bis 100 und man sortiert sie nach zwei Eigenschaften, nämlich Vielfaches von 2 (=Vf(2)) bzw. Vielfaches von 3 (= Vf(3)) zu sein.

Für die Aussage "Vielfaches von 2 oder von 3" kann man sich auch auf die sog. "Ein- und Ausschaltformel" stützen:

$$|Vf(2) \cup Vf(3)| = |Vf(2)| + |Vf(3)| - |Vf(2) \cap Vf(3)|\ ,$$

die man sich über die Strategie des "systematischen Mehrfachzählens" leicht klarmacht:

Im Venndiagramm sind die Vielfachen der 2 unterteilt nach ihrer Eigenschaft, ebenfalls auch Vielfache der 3 zu sein. Diese Vielfachen der 6 werden im ersten und im zweiten Summanden der obigen Formel gezählt, müssen also einmal wieder abgezogen werden.

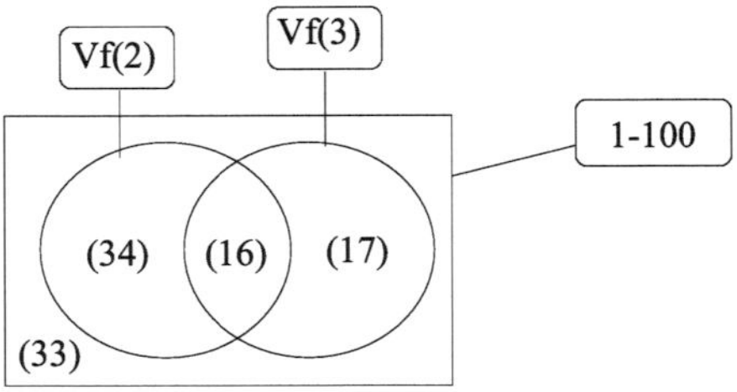

Fig.6.16

Für die letzte Teilaufgabe ist ebenfalls ein Venndiagramm hilfreich, in dem man für die einzelnen Teilmengen, die in den Summanden mehrfach ausgezählt werden, darauf achtet, dass sie insgesamt genau einmal gezählt werden.

$$|Vf(2) \cup Vf(3) \cup Vf(5)| = |Vf(2)| + |Vf(3)| + |Vf(5)| - |Vf(2) \cap Vf(3)| - |Vf(2) \cap Vf(5)| - |Vf(3) \cap Vf(5)| + |Vf(2) \cap Vf(3) \cap Vf(5)|$$

zu Aufg. 3

Eine Endstellenregel ist eine Teilbarkeitsregel, die aus den letzten Ziffern einer Zahl entscheiden lässt, ob die gesamte Zahl eine gewisse Teilbarkeit besitzt oder nicht.

Findet man eine Stufenzahl 10^n mit $a|10^n$ (am besten mit minimalem n), so entscheidet sich die Teilbarkeit $a|b$ mit $b = (b_m...b_1\,b_0)_{10}$ an der Zahl aus den letzten n Stellen von b.

$$\text{Wenn } a \mid 10^n \quad \text{dann gilt} \quad a \mid b \;\Leftrightarrow\; a \mid (b_{n-1}...b_1 b_0)_{10}$$

$$\text{mit } b = b_m \cdot 10^m + ... + b_n \cdot 10^n + b_{n-1} \cdot 10^{n-1} + ... + b_1 \cdot 10 + b_0$$

Zusätzlich wird deutlich, dass solche Teilbarkeitsregeln abhängen von der Zahldarstellung und damit nur für ein bestimmtes Stellenwertsystem gelten. Die durch eine solche Regel festgestellte Teilbarkeit ist jedoch eine Eigenschaft, die der Zahl selbst zukommt. (In Kap. 8 wird in systematischerer Weise auf Teilbarkeitsregeln eingegangen.)

zu Aufg. 4

Eine Begründung wird möglich, wenn man die an dem Zahlwort durchgeführten Operationen arithmetisch beschreibt.

Zuerst wird bei der auf Teilbarkeit durch 7 zu untersuchenden Zahl a die Einerziffer E gestrichen: (a - E):10. Von der so verkürzten Zahl wird das Doppelte der Einerziffer E subtrahiert: ((a-E):10)-2E. In einem Schritt kommt man also von einer Zahl a zur Zahl (a-21·E)/10, die um eine Stelle kürzer ist. Ist a durch 7 teilbar, dann auch a-21·E , dann auch (a-21·E)/10. Letzteres gilt, weil das Herauskürzen einer 2 und einer 5 (a-21·E ist eine Zehnerzahl) an dem Vorhandensein einer 7 in der Primfaktorzerlegung von a nichts ändert. Man setzt mehrere solcher Schritte hintereinander, bis es leicht zu entscheiden ist, ob die verbleibende Zahl durch 7 teilbar ist oder nicht. Ist sie es, ist auch die Ausgangszahl a durch 7 teilbar. Lässt die Zahl einen Rest ungleich Null, ist entsprechend auch die zu untersuchende Zahl nicht durch 7 teilbar, aber man kann i.a. nicht sagen, dass die Ausgangszahl denselben Rest hat, was an der mehrmaligen Division durch 10 liegt.

Nach gleichem Muster können dann auch zu anderen Zahlen t entsprechende Verfahren aussehen, wenn es ein Vielfaches k·t gibt mit der Einerstelle 1. Offenbar ist dann mit diesem Vielfachen a - E·k·t eine Zehnerzahl, so dass man sie durch Division mit 10 um eine Stelle kürzen kann.

Da 21 = 7 · 3 ist, kann man das obige Verfahren auch für eine Teilbarkeit durch 3 nutzen.

51 = 17 · 3, 81 = 9 · 9 bzw. 91 = 13 · 7 sind Vielfache von 17 und 3, von 9 bzw. von 13 und 7, wobei - wie im Verfahren oben beschrieben - nach dem Streichen der jeweiligen Einerziffer das 5-, 8- bzw. 9-fache von ihr abgezogen werden muss.

zu Aufg. 5

Der Rest von 10^n bei der Division durch 7 wird verzehnfacht und auf den minimalen Rest reduziert. Das Ergebnis ist dasselbe, als wenn man den Rest von 10^{n+1} bestimmt.

$$10^{n+1} = 10 \cdot 10^n = 10 \cdot (7 \cdot k + r) = 7 \cdot K + 10 \cdot r = 7 \cdot K + R$$

Reste bei Division durch 7:

		$\cdot 10$		$\cdot 10$		$\cdot 10$	
Potenzen	10^4		10^3		10^2		10^1
Reste	60		20		30		
min. Reste	4		6		2		3

Kennt man also die 7er-Reste der Stufenzahlen, kann man den 7er-Rest der zu untersuchenden Zahl ermitteln. Die Methode stützt sich auf die Additivität der Teilbarkeitsrelation und lässt sich an der Summenzerlegung

$$\begin{aligned} 26496 &= 2\cdot 10^4 + 6\cdot 10^3 + 4\cdot 10^2 + 9\cdot 10 + 6 \\ &= 2(k_4\cdot 7 + 4) + 6(k_3\cdot 7 + 6) + 4(k_2\cdot 7 + 2) + 9(k_1\cdot 7 + 3) + 6 \\ &= k\cdot 7 + 2\cdot 4 + 6\cdot 6 + 4\cdot 2 + 9\cdot 3 + 6 = k\cdot 7 + 85 = (k + 12)\cdot 7 + 1 \end{aligned}$$

demonstrieren. (k_1, k_2, k_3, k_4 und k sind gewisse ganze Zahlen)

Reste bei Division durch 11

10^5	10^4	10^3	10^2	10^1	10^0
10	1	10	1	10	1
-1	1	-1	1	-1	1

Aus dieser Tabelle kann man zwei Teilbarkeitsregeln für die 11 gewinnen:

25916 durch 11 teilbar,

weil $2+5\cdot 10+9+1\cdot 10+6 = 2+59+16 = 77$ durch 11 teilbar ist.

bzw. weil $2-5+9-1+6 = 11$ durch 11 teilbar ist.

Im ersten Fall erhält man die sog. "Paarquersummenregel": Man streicht - von rechts beginnend - jeweils 2 Ziffern ab, addiert die Zahlen aus diesen Ziffern und untersucht die Summe auf ihre Teilbarkeit durch 11.

Ersetzt man den Rest 10 durch -1, bekommt man die "alternierende Quersummenregel": Abwechselnd addiert bzw. subtrahiert man die einzelnen Ziffern der Zahl und bestimmt den 11er-Rest dieser Zahl. Ist man nur daran interessiert, ob eine Zahl durch 11 teilbar ist oder nicht, braucht man nicht darauf zu achten, welche Ziffern abzuziehen bzw. welche zu addieren sind.

zu Aufg. 6

Die Neunerprobe ist ein sehr effektives Prüfverfahren für Multiplikationen (Divisionen), im Prinzip auch für Additionen.

Sei $R(x)$ der Neunerrest von x und $a = a_1 \cdot 9 + R(a)$ bzw. $b = b_1 \cdot 9 + R(b)$,

dann gilt $$a \cdot b = A \cdot 9 + R(a) \cdot R(b).$$

Es ist also $R(a) \cdot R(b)$ der Neunerrest von $a \cdot b$ (wenn auch nicht unbedingt der kleinste). Die Neunerprobe ist der Vergleich von $R(a) \cdot R(b)$ mit $R(a \cdot b)$.

Da der Neunerrest leicht durch sukzessives Quersummenbilden bestimmt werden kann, ist das Verfahren schnell durchzuführen. Als mögliche Fehler, die trotzdem von der Neunerprobe unerkannt bleiben, sind "Neunerrest erhaltende" Handlungen am Zahlwort zu diskutieren: Einfügen/Weglassen von Nullen bzw. Neunern, Ziffernumstellungen (Dreher: $64 \Rightarrow 46$), sich kompensierende Fehler(..26..$\Rightarrow$..53..). Da dies jedoch i.w. ein Prüfverfahren für schriftliche Multiplikationen ist, sind solche Fehler nicht allzu häufig.

zu Aufg. 7

Die Aufgabe greift das in der Vorlesung vorgestellte Verfahren zur ggT-Bestimmung auf und wendet es konstruktiv an. Das Aufzählen der Zahlenpaare mit gleichem ggT soll dabei in Erinnerung rufen, dass im Verfahren kein gemeinsamer Teiler verlorengeht, sondern dass von Zeile zu Zeile jeweils ein Paar von kleineren Zahlen entsteht, das denselben ggT hat wie das Ausgangspaar. Auch bei der Darstellung des ggT als Linearkombination wird dies noch einmal deutlich. Ausgehend vom ggT in der letzten Zeile ersetzt man rückwärtsschreitend den Rest der jeweils vorherigen Zeile und gewinnt so gleichfalls für jedes Zahlenpaar auch eine Linearkombination.

$1011 = 4 \cdot 251 + 7$		$= 36 \cdot (1011 - 4 \cdot 251) - 251$	$= 36 \cdot 1011 - 145 \cdot 251$	
$251 = 35 \cdot 7 + 6$		$= 7 - (251 - 35 \cdot 7)$	$= 36 \cdot 7 - 251$	↑
$7 = 1 \cdot 6 + 1$	1	$= 7 - 6 =$		↑

Linearkombination für den ggT: $1 = 36 \cdot 1011 - 145 \cdot 251$

zu Aufg. 8

Diese Aufgabe kommt aus dem Fundus abwechslungsreicher Übungsaufgaben zur Addition und Subtraktion. Je nachdem, wie man den Schwerpunkt setzt, eignet sie sich auch für die ersten Klassen der Grundschule. Schon mit Zweitklässlern gelingen einfache Begründungen, z.B. wann es (bei Spezialfällen) nicht klappt, einen Weg von der Startzahl zur Zielzahl zu fällen) nicht klappt, einen Weg von der Startzahl zur Zielzahl zu finden: Beide Schläge sind gerade, Start und Ziel jedoch von unterschiedlicher Parität.

Für eine allgemeine Begründung nutzt man die Tatsache, dass der ggT zweier Zahlen die kleinste positive Zahl ist, die als Linearkombination von ihnen darstellbar ist. Daher muss der zurückzulegende Weg ein Vielfaches vom größten gemeinsamen Teiler der als Schläge bezeichneten Zahlen sein.

Gibt es ganze Zahlen x,y mit xa + yb = c, dann teilt der ggT(a,b) die linke, also auch die rechte Seite der Gleichung, d.h. ggT(a,b) | c.

zu Aufg. 9

Mit Vorschriften dieser Art lassen sich ganz konkret sog. "Fadengrafiken" erstellen.

Bevor man sich mit dem Folgenden beschäftigt, ist es vielleicht ganz reizvoll, die verschiedenen Grafiken in Figur 6.14 zu analysieren:

Welche Grafik gehört zu welcher Spannregel? Zwei der fünf Fälle sind sofort zuzuordnen. In den Abbildungen ist der äußere Kreis immer ein 36-Eck.

Der zweiten Teilaufgabe kann man sich so nähern:

Als erstes überlegt man, dass auf einem Kreis mit 24 Nägeln für alle Teiler der Faden nach dem ersten Umlauf zum Ausgangsnagel zurückkommt. Kommt man nach dem ersten Umlauf nicht zum Ausgangsnagel zurück, so wird zwischen je 2 schon umspannten Nägeln ein weiterer Nagel umspannt. Wird der Ausgangsnagel nach dem 2. Umlauf erreicht, hat man insgesamt 2·24 Nägel passiert, andererseits Schritte der Länge n gemacht, den gesamten Weg durch 24 bzw durch n ausgemessen.

Eine Figur schließt sich, wenn man kgV(24,n)-viele Nägel passiert hat. Zur Lösung kann man also einmal das kgV(24,5) bestimmen, sich aber auch ganz konkret die Spannregel hernehmen und feststellen, dass man nach einem Umlauf nicht am Ausgangsnagel, sondern einen Nagel weiter auskommt und dann 4 weitere Umläufe bis zum Schließen der Figur machen muss.

Sucht man eine Spannregel, wenn man die Umlaufszahl kennt, so hat man auch verschiedene Wege. Ist die Umlaufszahl 3, so sucht man also eine Zahl n, die kein Teiler von 24 und 48, aber von 3·24=72 ist. Zum anderen kann man kgV(24,n) = 72 setzen und eine Primfaktorzerlegung von n aufbauen.

$$\begin{aligned} \text{kgV}(24,n) &= 72 &&= 2\cdot2\cdot2\cdot3\cdot3 \\ &\ 24 &&= 2\cdot2\cdot2\cdot3 \\ &\ n &&= ? \end{aligned}$$

Aus diesem Ansatz wird erkennbar, dass n mindestens die Primzahlpotenz 3^2 enthalten muss, möglicherweise aber auch die Zweierpotenzen 2, 2^2 oder 2^3.

Von unserem konkreten Problem her sind nur die beiden Lösungen $n=3^2$ und $n=3^2 \cdot 2=18$ sinnvoll. Ähnliche Überlegungen wie in der Vorlesung zum ggT-Diagramm zeigen, dass der ggT sich als Abstand umspannter Nägel zeigt.

Ist bei einer Fadengrafik jeder Nagel umspannt, gilt ggT(24,5) = 1.

Kennt man umgekehrt den ggT(24,10) = 2, weiß man, dass nur jeder 2. Nagel umspannt wird. Aus der Handlung beim Fadenspannen kann man so argumentieren: Umspannt man jeden 5. Nagel, braucht man 5 Umläufe, passiert dabei 5·24=120 Nägel, d.h. man braucht 24 Schritte, in denen jeweils ein Nagel umspannt wird. Da 24 eine gerade Zahl ist, braucht man auch 5 Umläufe, wenn man jeden 10. Nagel umspannt. 120:10=12 bedeutet: Nur die Hälfte aller Nägel wird umspannt.

zu Aufg. 10

Bei dieser Aufgabe handelt es sich um ein sog. "diophantisches" Problem. Damit macht man deutlich, dass man nur an ganzzahligen Lösungen interessiert ist, hier sogar nur an natürliche Zahlen als Lösungen.

Für die Gleichung 5x + 7y = 120 sollen alle Tupel (x,y) mit $x,y \in \mathbf{N}$ bestimmt werden. Natürlich kann man das zunächst probierenderweise tun. Da 5 die Zahl 120 teilt, hat man ein erstes Lösungspaar (24,0) gefunden. Weil 7 Bonbons der Sorte A soviel kosten wie 5 der Sorte B, kommt man durch Austauschen zu allen weiteren Paaren.

$$(24,0) \Rightarrow (24-7,\ 0+5) \Rightarrow (10,10) \Rightarrow (3,15)$$

Wenn sich eine solche Zahlbeziehung weniger aufdrängt, hilft eine Linearkombination, die den ggT der beteiligten Zahlen darstellt.

$$3 \cdot \mathbf{5} - 2 \cdot \mathbf{7} = 1$$

$$3 \cdot 120 \cdot \mathbf{5} - 2 \cdot 120 \cdot \mathbf{7} = 120$$

$$360 \cdot \mathbf{5} - 240 \cdot \mathbf{7} = 120$$

Durch Addition einer "geschickten" Null kommt man zu allen Lösungspaaren und kann die gesuchten aussortieren. Das kgV als Vielfaches beider Zahlen hilft hier weiter:

$$360 \cdot \mathbf{5} - 240 \cdot \mathbf{7} = 120$$

$$-7 \cdot k \cdot \mathbf{5} + 5 \cdot k \cdot \mathbf{7} = 0$$

$$(360-7 \cdot k) \cdot \mathbf{5} + (-240+5k) \cdot \mathbf{7} = 120$$

Für k= 48, 49, 50, 51 ergeben sich Lösungen in **N**. Aus der letzten Gleichung kann man auch für den allgemeinen Fall die Konstruktion aller Lösungstupel entnehmen.

7. Zerlegung von ganzen Zahlen in Primzahlen

7.1 Primzahlen: verschiedene Aspekte dieses zentralen Begriffs

-R- Ein mathematischer Begriff - zumal ein so zentraler wie der der Primzahl - wird nicht gelernt, indem man eine Definition aufnimmt, die mathematisch gesehen ausreicht, um den Begriff zu beschreiben. Vielmehr lernt man Begriffe, übrigens nicht nur mathematische, dadurch, dass man eine Vielzahl von Aspekten, die dazu gehören, kennenlernt, diese miteinander verknüpft wechselseitige Begründungen gibt, kurzum, ein reichhaltiges „mentales Netzwerk“ rund um diesen Begriff legt, in dem man sich in verschiedene Richtungen frei bewegen lernt. In diesem Sinne genügt es für das Lernen des Begriffs „Primzahl“ also nicht, nur die im folgenden ersten Abschnitt gegebene Definition zu wissen. Vielmehr konstituiert sich die Bedeutung von „Primzahl“ erst im Durcharbeiten der verschiedenen Facetten, Ausprägungen, Aspekte, die im Folgenden vorgestellt werden. Dabei sind es keineswegs nur mathematische Schlussfolgerungen, die hier eingehen, sondern es kommen handlungsorientierte Überlegungen, historische Hinweise, Reflexionen zum Verständnis von gewissen Aussagen usw. hinzu. Der Begriff der Primzahl zeigt sich für den Lernenden also erst im Zusammenspiel aller folgender Aspekte.

1. Aspekt: Primzahlen sind die natürlichen Zahlen mit möglichst wenigen Teilern

Diese Aussage nehmen wir als Definition von „Primzahlen“. Da jede ganze Zahl n wenigstens (siehe obige Teilbarkeitseigenschaften) +1, -1 und +n, -n als Teiler hat, können wir die Anforderung der minimalen Teileranzahl folgendermaßen formulieren:

Definition:

> Diejenigen natürlichen und von 1 verschiedenen Zahlen, die nur 1 und sich selbst als natürliche Teiler haben, heißen Primzahlen.

In dieser Form hat die Definition eine unmittelbare handlungsmäßige oder auch geometrische Ausdeutung. Hat man eine Menge von n Plättchen vorliegen, dann kann man versuchen, diese in Form eines Rechtecks auszulegen: Man kann dann nämlich einfacher, weil strukturiert (vgl. Kap. 2), zählen. Bei vielen Zahlen geht dies in mehrfacher Weise, bei den Primzahlen aber nur in der einen, trivialen Anordnung, nämlich als „Schlange" der Länge n, d.h. als $1 \cdot n$-Rechteck. In dieser Form lernen übrigens bereits Kinder in der Grundschule die Besonderheit von Primzahlen kennen.

Die gegebene Definition ist außerdem brauchbar, um kleinere Zahlen in einem endlichen Verfahren auf die Eigenschaft hin, Primzahl zu sein, zu überprüfen. Da stets $|t| \leq |n|$ für Teiler t von n ist, hat man nur endlich oft die gegebene Zahl n auf Teilbarkeit zu überprüfen, bis man entscheiden kann, ob n prim ist oder nicht. So erhält man die Zahlen 2, 3, 5, 7, 11, 13, 17, 19, 23, 29 als die ersten 10 Primzahlen.

Ein effektiveres Verfahren für die Bestimmung von Primzahlen wird unten (5. Aspekt) angegeben. Warum man die Zahl 1 nicht zu den Primzahlen zählt, wird ebenfalls unten (4. Aspekt) klar werden.

2. Aspekt: Das Euklidische Lemma: Wie sich Primzahlen als Teiler verhalten.

Als „Lemma" bezeichnet man in der mathematischen Logik eine Aussage, auf die in weiterführenden Überlegungen immer wieder als Hilfsmittel zurückgegriffen wird. Wie der Zusatz „Euklidisch" besagt, war dieser Hilfssatz - wie übrigens alle in diesem Abschnitt erwähnten Eigenschaften von Primzahlen - bereits in der griechischen Mathematik, also mindestens seit etwa 2300 Jahren, bekannt und formuliert.

Aus der obigen Definition von Primzahl ist schon bekannt, dass sich eine Primzahl p nicht wirklich als Produkt $p = r \cdot s$ mit ganzen Zahlen r und s (beide ungleich ± 1) schreiben lässt. Andernfalls hätte man ja außer ± 1 und $\pm p$ noch weitere Teiler von p. Wie sich aber eine Primzahl p verhält, wenn sie als Teiler eines Produkts aus ganzen Zahlen auftritt, geht daraus noch nicht hervor. Dies klärt das Euklidische Lemma:

Euklidisches Lemma:

Ist eine Primzahl p Teiler eines Produktes $a \cdot b$ von ganzen Zahlen a und b, dann teilt p wenigstens einen der beiden Faktoren a oder b; in Zeichen: $p \mid a \cdot b \Rightarrow p \mid a \vee p \mid b$

-R- Übrigens folgt sozusagen rückwärts aus der Gültigkeit des Euklidischen Lemmas wieder die oben gegebene Definition der Primzahlen. Hätte nämlich eine Primzahl p einen Teiler, dann wäre $p = a \cdot b$ und somit nach dem Lemma p in a (oder b) als Teiler enthalten. Dann käme aber $p = a' \cdot p \cdot b$ und daher $1 = a' \cdot b$. Dies ist aber nur mit $b = \pm 1$

lösbar, die Zerlegung von p also doch keine „richtige". Man könnte die im Euklidischen Lemma gegebene Eigenschaft auch als definierende Eigenschaft von „prim" nehmen. Für das Lernen passt dies aber wegen der „Vermitteltheit" nicht so gut; für theoretische Verallgemeinerungen in der Zahlentheorie ist dies jedoch gerade die Methode der Wahl, weil eine folgenreiche Beziehung als grundlegend genommen wird.

Beweis des Euklidischen Lemmas: Sei eine Primzahl p vorgegeben, die ein Produkt a·b zweier ganzer Zahlen teilt. Ist p bereits ein Teiler von b, dann ist die Behauptung schon erfüllt. Interessant wird das Problem also erst im Falle, dass p kein Teiler von b ist.

Dann haben p und b den größten gemeinsamen Teiler 1, denn andere Teiler sind ja in p nicht enthalten (Voraussetzung, dass p Primzahl ist!). Somit gibt es nach dem Satz über den Euklidischen Algorithmus zwei ganze Zahlen x und y, so dass man eine Darstellung von 1 als

$$1 = x \cdot p + y \cdot b$$

anschreiben kann. Nach Multiplikation mit a ergibt sich

$$a = x \cdot a \cdot p + y \cdot a \cdot b\ ,$$

und in dieser Summendarstellung für a ist der erste Summand direkt als Vielfaches von p zu erkennen, der zweite Summand aber nach Voraussetzung durch p teilbar. Deshalb ist auch die Summe, also a, durch p teilbar (siehe obige Teilbarkeitseigenschaften). - Damit ist die Behauptung, nämlich p | a, nachgewiesen.

\- R - Als eigentlicher Kern des Euklidischen Lemmas hat sich also die aus dem Euklidischen Algorithmus erwachsende Darstellbarkeit des ggT erwiesen. Diese im vorherigen Kapitel als fast beiläufig sich ergebende Aussage zeigt daher eine der fundamentalen Eigenschaften des Bereichs der ganzen Zahlen auf. Gehen wir noch weiter (logisch) zurück, dann wurzelt schließlich alles in der dem alltäglichen Rechnen so banal erscheinenden Möglichkeit der Division mit Rest. Unser augenblicklicher Standpunkt bei den Untersuchungen für Primzahlen ist somit der eines rückwärts analysierenden Beobachters: Die (theoretische) Wichtigkeit der oben gesammelten elementaren Eigenschaften der ganzen Zahlen schält sich so mehr und mehr heraus.

3. Aspekt: Jede ganze Zahl hat wenigstens einen Primteiler: der kleinste positive, von 1 verschiedene Teiler ist Primzahl.

Wäre dieser kleinste, von 1 verschiedene, positive Teiler t der ganzen Zahl n ($n \neq 0$ und $\neq \pm 1$ vorausgesetzt) nämlich nicht Primzahl, dann wäre ein weiterer noch kleinerer Teiler von n vorhanden, entgegen der vorausgesetzten Minimalität. Dieser kleinste positive Teiler t genügt übrigens der Ungleichung

$$1 < t \leq \sqrt{n} \ ,$$

denn zusammen mit einem weiteren Teiler (dem sog. Komplementärteiler) muss ja n als Produkt erreicht werden.

Im folgenden Aspekt wird nun diese Idee - Primteiler in einer vorgegebenen Zahl zu finden - weiter systematisch verfolgt, bis sich die vollständige Zerlegung in Primzahlen ergibt.

4. Aspekt: Alle ganzen Zahlen lassen sich in eindeutiger Weise in ein Produkt von Primzahlen zerlegen

Ist die vorgelegte zu zerlegende ganze Zahl n negativ, dann berücksichtigen wir das durch das Vorzeichen „–“. Es genügt also, eine natürliche Zahl n in Primzahlen zu zerlegen.

Man sucht zunächst den kleinsten positiven, von 1 verschiedenen Teiler p_1 von n. Dieser ist, wie eben überlegt, Primzahl. Dann hat man

$$n = p_1 \cdot n'$$

mit einer natürlichen Zahl $n' < n$. Auf n' lässt sich die gleiche Überlegung anwenden und so kommt man nach endlich vielen, etwa k Schritten zu

$$n = p_1 \cdot p_2 \cdot \ldots \cdot p_k \qquad \text{mit Primzahlen } p_1, \ldots, p_k.$$

Wir überlegen nun: Keine auf irgendeine Weise gewonnene Zerlegung von n in Primzahlen kann andere oder mehr oder weniger Primzahlen als diese $p_1, \ldots, p_k$ enthalten, sieht man von einer, wegen des Kommutativgesetzes der Multiplikation belanglosen Änderung der Reihenfolge der Faktoren ab. Wäre nämlich

$$p_1 \cdot p_2 \cdot \ldots \cdot p_k = q_1 \cdot q_2 \cdot \ldots \cdot q_m$$

eine weitere Zerlegung von n in Primzahlen $q_1, q_2, \ldots, q_m$, dann würde gelten $p_1 \mid q_1 q_2 \ldots q_m$. Folglich müsste nach dem Euklidischen Lemma p_1 Teiler eines der Faktoren, sagen wir von q_j , sein. Da q_j Primzahl ist, und p_1 verschieden von 1, muss $p_1 = q_j$ gelten. Somit kommt p_1 unter den $q_1, q_2, \ldots, q_m$ vor. Ebenso ist es mit p_2, mit p_3, ..., mit p_k. Alle p's kommen also unter den q's, und natürlich auch umgekehrt alle q's unter den p's vor.

Es handelt sich also in Wirklichkeit um ein und dieselbe Zerlegung. Damit ist das wichtigste Resultat über den multiplikativen Aufbau der ganzen Zahlen, ja für die gesamte Arithmetik, hergeleitet:

Fundamentalsatz der elementaren Arithmetik:

> Jede ganze Zahl n $(n \neq 0, n \neq \pm 1)$ lässt sich in eindeutiger Weise darstellen als
>
> $$n = \pm p_1^{e_1} \cdot p_2^{e_2} \cdot \ldots \cdot p_s^{e_s}$$
>
> mittels s verschiedener Primzahlen $p_1, p_2, \ldots, p_s$, die jeweils mit der Vielfachheit (mit den Exponenten) $e_1, e_2, \ldots, e_s$ (≥ 1) vorkommen.

Nun wird auch klar, warum in der ursprünglichen Definition die Zahl 1 nicht als Primzahl zugelassen wurde: Die Eindeutigkeit der Primzahlzerlegung wäre nämlich dann nicht gegeben.

5. Aspekt: Wie man Primzahlen berechnen kann:
Das Sieb des Eratosthenes

Für die bisherigen Überlegungen genügte es, nur die Definition von Primzahl zu kennen. Die explizite Kenntnis vieler, vielleicht sogar aller Primzahlen (bis zu einer bestimmten Grenze) war nicht nötig. Aber natürlich will man möglichst lückenlos und möglichst weit die Primzahlen wirklich kennen und sie mit einem möglichst effektiven Verfahren auch berechnen können. Dies leistet - bis zu einem gewissen Grad – das „Sieb des Eratosthenes“, benannt nach einem spätgriechischen (ca. 200 n. Chr.) Mathematiker. Das Verfahren wirkt übrigens wirklich wie ein „Sieb“ in der Küche: Es lässt die unwichtigen Zahlen „durchfallen“ und „hält“ die wichtigen Zahlen, und das sind hier die Primzahlen, „zurück“.

Man stelle sich die natürlichen Zahlen auf ein langes Band geschrieben vor, das schon mehrfach herangezogene Bild von der Zahlengeraden: (siehe Figur 7.1):

Figur 7.1

0 und 1 sind Zahlen besonderen Charakters. Diese lassen wir weg. Die nächste auftretende Zahl ist 2. Diese muss Primzahl sein, denn kleinere Teiler gibt es außer der trivialen 1 nicht. Die 2 wird also markiert (= „im Sieb zurück gehalten“). Alle Vielfachen von 2 sind selbstverständlich keine Primzahlen; sie werden gestrichen (= „durch das Sieb durchgelassen, ausgesiebt“).

* Als nächstes bleibt 3 (bzw. später: p) ungestrichen stehen. Es muss sich dabei um eine Primzahl handeln, denn Vielfaches einer kleineren Zahl kann es nicht sein, da es sonst ja bereits gestrichen worden wäre. 3 (bzw. p) wird also auch markiert. Die Vielfachen davon aber können nun gestrichen werden.

Nun kann man mit gleicher Argumentation wieder an der Stelle * zu lesen beginnen, und alles mit der nächsten ungestrichenen Zahl wieder durchführen.

Auf diese Weise kann man sich immer mehr Primzahlen berechnen. Eine kleine Zusatzüberlegung zeigt, dass dann, wenn man mittels des Siebverfahrens die Primzahlen bis hinauf zu einer Primzahl P bereits berechnet hat, alle bis zur Zahl P^2 ungestrichen stehenden Zahlen ebenfalls jetzt bereits als prim zu erkennen sind, ohne dass noch weitere Streichungen gemacht werden müssten.

In der Tat, wäre eine dieser ungestrichenen Zahlen z nicht Primzahl, dann hätte sie einen kleinsten positiven Teiler p. Dieser Teiler p muss (siehe 3. Aspekt) kleiner als $\sqrt{z} < \sqrt{P^2} = P$ sein. Aber alle Vielfachen von Primzahlen p < P sind doch schon gestrichen!

In Figur 7.1 mussten also nur die Vielfachen von 2, 3, 5 gestrichen werden, um die Zahlen 7, 11, 13, 17, 19, 23, 29, 31, 37, 41, 43, 47 als die sämtlichen(!) Primzahlen unterhalb von 49 zu erkennen.

-M- Welche Zahl die größte bekannte Primzahl ist, ändert sich laufend. 1999 war es die Zahl $2^{6972593} - 1$ mit 2 098 960 Dezimalstellen. Man kennt aber keineswegs alle Primzahlen bis zu dieser Zahl; Primzahlrekorde werden immer mit Zahlen besonderer Bauart aufgestellt, meist mit Zahlen des Typs $2^k - 1$, den sog. Mersenneschen Primzahlen, wobei k selbst Primzahl sein muss (vgl. Übungsteil).

6. Aspekt: Es gibt unendlich viele Primzahlen

-R- Auch der Beweis dieses Satzes geht auf Euklid zurück. Allerdings heißt die Formulierung bei Euklid wörtlich so: „Es gibt mehr Primzahlen, als jede vorgelegte Anzahl von Primzahlen“, während man heute oft sagt „Es gibt unendlich viele Primzahlen“ oder „Die Menge der Primzahlen ist unendlich“. Dies ist eine interessante, nachdenkenswerte Wandlung im Verständnis von „unendlich“. Euklid hat offenbar einen dynamischen, konstruktiven Begriff, der beinhaltet, dass immer wieder ein neues, weiteres Element in der Menge der Primzahlen erzeugt werden kann. Die Unendlichkeit wird als nicht endender Erzeugungsprozess gedeutet. Hingegen geht die zweite Formulierung von einer statischen, der Menge insgesamt anhaftenden Eigenschaft, unendlich zu sein, aus. Auf die grundlagentheoretischen Implikationen dieses Unterschieds kann hier aber nicht eingegangen werden.

Euklid hat die Unendlichkeit, d.h. das Nichtenden der Folge der Primzahlen so bewiesen: Wenn eine gewisse Anzahl von Primzahlen bereits bekannt sind, etwa die Primzahlen $p_1, p_2, ..., p_k$, dann kann man sich folgendermaßen überzeugen, dass es noch (wenigstens) eine weitere Primzahl gibt. Bildet man nämlich die Zahl $N = p_1 \cdot p_2 \cdot ... \cdot p_k + 1$, dann ist diese Zahl offenbar weder durch p_1, noch durch p_2, ... , noch durch p_k teilbar; sonst wäre nämlich auch 1 durch diese Primzahlen teilbar. Andererseits hat N aber (nach dem 3. Aspekt) einen Primteiler. Dieser ist also eine weitere, von $p_1, p_2, ..., p_k$ verschiedene Primzahl.

Unter Zugrundelegung der Vorstellungen des Siebs des Eratosthenes kann man Euklids Argument auch so beschreiben. Beim Streichen der Vielfachen von $p_1, p_2, ..., p_k$ bleibt die Zahl $N = p_1 \cdot p_2 \cdot ... \cdot p_k + 1$ jedesmal ungestrichen. Sie ist also entweder selbst Primzahl oder hat doch wenigstens einen Primteiler, dessen Vielfache bisher nicht gestrichen wurden.

Übrigens muss $N = p_1 \cdot p_2 \cdot ... \cdot p_k + 1$ weder selbst Primzahl sein, noch gewinnt man mit Euklids Methode alle Primzahlen in einer systematischen Weise, wie die folgenden Beispiele zeigen:

vorgelegte Primzahlen	N	Kommentar
2	2+1=3	3 weitere Primzahl
2, 3 5	6+1=7	7 weitere Primzahl, die Primzahl wurde aber „übersprungen“.
2, 3, 5, 7, 11	2311	2311 ist Primzahl
2, 3, 5, 7, 11, 13	30 031	30031 = 59·509; die Zahl N ist also in diesem Fall keine Primzahl, hat aber mit 59 und 509 einen bisher nicht vorkommenden Primteiler.

7.2 -R- Die Bausteinidee in der Mathematik

Der Fundamentalsatz der Arithmetik zeigt, wie eine Vielzahl von Objekten – hier: die ganzen Zahlen – beschrieben werden kann mittels einiger spezieller Objekte – hier: die Primzahlen – und vermittels einer ganz bestimmten Art, diese speziellen Objekte zusammenzusetzen – hier: Produkte bilden.

Diese generelle Idee, nämlich einen großen Bereich mathematischer Objekte aufzubauen aus gewissen Grundbestandteilen, den „Bausteinen“, und mit Hilfe eines Verfahrens der Zusammensetzung dieser Bausteine, der „Bauvorschrift“, tritt in der Mathematik sehr häufig auf; ja in einigen Gebieten ist es sogar das Ziel mathematischer Untersuchungen, eine solche Darstellung mittels Bausteinen zu finden.

Wir nennen diese Idee die „Baustein-Idee“ und zeigen an einigen Beispielen aus der Schulmathematik, dass sie in nahezu allen Bereichen dort anzutreffen ist. Es sind dabei jeweils der darzustellende Objektbereich („das, was man aufbauen will“), die darstellenden Objekte („die Bausteine“) und die Art und Weise, wie man die Bausteine zusammenfügt („die Bauvorschrift“), angegeben.

Darzustellender Bereich	Bausteine	Bauvorschrift *Kommentare, Beispiele*
natürliche Zahlen	1 (nur ein Baustein)	Addieren oder Strichlisten führen: 2 = 1+1, 3= 1+1+1, usw.
Vektoren in der Schulgeometrie	zwei oder drei linear unabhängige Basisvektoren $\mathbf{e}_1$ und $\mathbf{e}_2$	Linearkombinationen mit reellen Zahlen als Koeffizienten: $\mathbf{x} = x_1\mathbf{e}_1 + x_2\mathbf{e}_2$
Polynome (die „ganzrationalen Funktionen“ in der Schulanalysis)	eine Variable („Unbestimmte“) x und rationale bzw. reelle Zahlen $1, x, x^2, x^3, \ldots$	Addieren, subtrahieren und multiplizieren (die in einem „Ring“ möglichen Operationen) Bsp.: $(x \cdot 3+4-x \cdot x)+x-1 = -x^2+4x+3$ *Es gibt aber für Polynome auch eine andere Sichtweise:* Linearkombinationen mit rationalen oder reellen Zahlen als Koeffizienten (Aufbau wie bei den Vektoren) *Die Art des Zusammensetzens aus Bausteinen kann also für ein und denselben Objektbereich ganz verschieden sein*
rationale Funktionen	wie bei den Polynomen (erste Art)	alle Körperoperationen (Addieren, Subtrahieren, Multiplizieren und Dividieren)

Figuren in der (Schul-)Geometrie	Punkte, Strecken und Dreiecke	Zusammensetzen bzw. Zerlegen. *Man benutzt diese Idee:* *- beim Konstruieren: Zerlegen in Teildreiecke.* *- beim Beweisen: Ausnützen von Eigenschaften in Teilfiguren (beispielsweise bei der Bestimmung der Winkelsumme in Vielecken.* *- beim Berechnen: Flächenberechnung, indem man in Dreiecke zerlegt.* *- usw.*
Kongruenzabbildungen der (euklidischen) Ebene	Spiegelungen an Geraden	Hintereinanderausführung von Abbildungen. *Man braucht zwar unendlich viele Bausteine, jedoch genügen immer höchstens drei davon, eine bestimmte Abbildung darzustellen (sog. „Drei-Spiegelungs-Satz). Die „Bausteine" für eine Abbildung sind zudem nicht eindeutig bestimmt.*

Dass man in der Mathematik nach derartigen Bausteinen sucht, hat eine Reihe von Funktionen, u.a. diese:

- Zerlegung in Bausteine macht einen Bereich *übersichtlicher*, z.B. wenn man in Polynomen nach 1, x, x^2,... ordnet.
- Zerlegung in Bausteine verdeutlicht die *Struktur* des jeweiligen Bereichs, z.B. wird die Bedeutung der Dimension eines Vektorraums so erklärt.
- Zerlegung in Bausteine lässt *Analogien* erkennen; z.B. wird im Folgenden gezeigt, dass kgV und ggT mit Maximums- und Minimumsbildung eng verwandt sind und daher bestimmte Eigenschaften übertragbar sind.
- Zerlegung in Bausteine kann *Beweise* erleichtern, z.B. bei der Zerlegung von Kongruenzabbildungen in Spiegelungen.

7.3 Anzahl der Teiler einer Zahl

Primzahlen wurden eingeführt als die Zahlen, die möglichst wenige Teiler besitzen. Das legt die Frage nahe, zu untersuchen, wovon die Anzahl der Teiler einer Zahl abhängt. Wir beschränken uns dabei - ohne dass der allgemeine Fall dabei verloren ginge - auf natürliche Zahlen als Teiler.

Gegeben sei also eine natürliche Zahl a und ihre Zerlegung in Primzahlen

$$a = p_1^{e_1} \cdot p_2^{e_2} \cdot \ldots \cdot p_k^{e_k}$$

Wie viele (natürliche) Teiler hat a?

- R - Der folgende Textabschnitt ist zweispaltig aufgebaut. In der linken Spalte wird die mathematische Entwicklung beschrieben; die rechte Spalte dient der Reflexion darüber, wie die einzelnen mathematischen Schritte zusammenhängen, was die Motive für diese oder jene Umformung sind, warum welche Fragen an bestimmten Stellen auftreten, usw. Es wird damit versucht, diese Untersuchung einer mathematischen Frage - es wird auf das Aufstellen und Beweisen eines Satzes hinauslaufen - zugleich als eine *Reflexion über einen Problemlösungsprozess* und einige hierfür typische Vorgehensweisen einsetzbar zu machen.

Stoffliche Entwicklung	Was/Wie/Warum werden einzelne Schritte durchgeführt?
<u>Problem:</u> Wie viele Teiler hat $a \in \mathbf{N}$?	Das relativ allgemein gestellte Problem wird so umgeformt, da*ss* es angreifbar wird. Dafür ist es oft eine Hilfe, das Problem in eine *Anweisung* zu verwandeln, bestimmte Handlungen durchzuführen, hier: wie *zählt* man, wie *stellt* man *dar*?
Wie kann man die Teiler von a zählen?	Am meisten Information bringt das *strukturierte* Zählen. (Über die Strategien des strukturierten Zählens vgl. Kap. 2)
Wie stellt man die Teiler einer Zahl möglichst übersichtlich dar?	*Orientierung an einem Beispiel* ergibt dann Anhaltspunkte, wenn man bei der Behandlung des Beispiels immer auf das Verallgemeinerbare achtet (Beispiel als „*Paradigma*“)

Beispiel: $a = 175 = 5^2 \cdot 7$
Teiler von 175: 1,5,7,25,35,175
(dargestellt als Liste)

Die Liste in dieser Form gibt wenig allgemeine Informationen. Daher: Teiler mittels Primzahlen darstellen und wie im Lexikon (hier: erst niedrige 5-er-Potenzen) *ordnen*

$5^0 \cdot 7^0, 5^0 \cdot 7^1, 5^1 \cdot 7^0,$
$5^1 \cdot 7^1, 5^2 \cdot 7^0, 5^2 \cdot 7^1$

Wesentliches erkennen: Es kommt offenbar nur auf die Exponenten an. Daher Darstellung als Paare von Exponenten.

Das ist ein Verallgemeinern durch *Weglassen unwesentlicher Informationen.*

(0,0), (0,1), (1,0),
(1,1), (2,0), (2,1)

Wissen einsetzen: Für Zahlenpaare gibt es die bewährte Darstellung in einem Koordinatensystem.

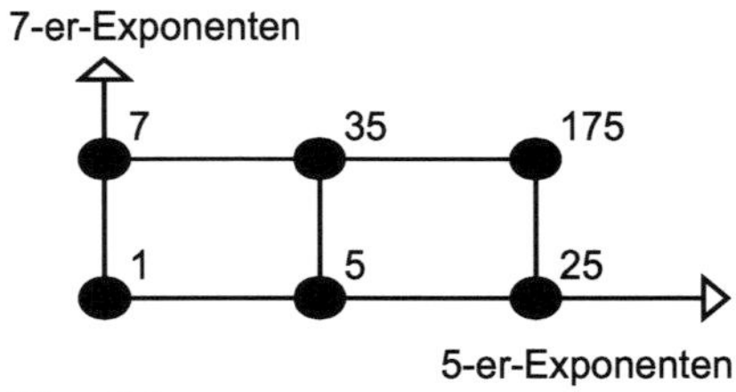

Figur 7.2

Jetzt ist die *Rechteckregel* zum strukturierten Zählen anwendbar.

$a = 175 = 5^2 \cdot 7$ hat $3 \cdot 2 = 6$ Teiler

... und das gilt für alle Zahlen der Form

$a = p_1^2 \cdot p_2$.

Analyse des Bisherigen:
Sind zwei Primzahlen in a enthalten, dann ist ein Rechteckgitter von 0 bis zu den höchstmöglichen Exponenten zu bilden.

Das ist ein Verallgemeinern durch *Herausarbeiten der zugrundeliegenden Struktur.*

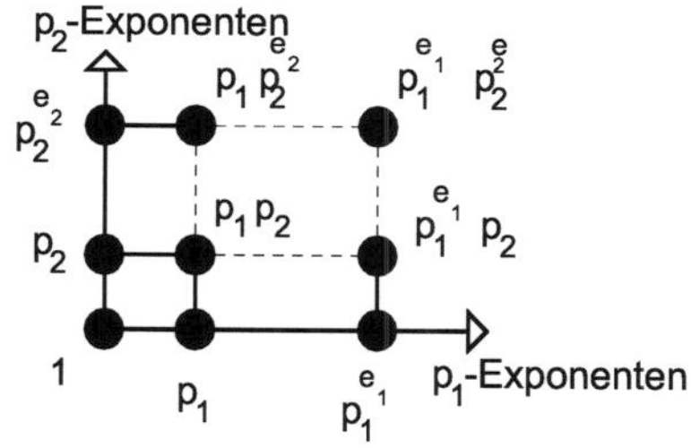

Figur 7.3

$a = p_1^{e_1} \cdot p_2^{e_2}$ hat $(e_1+1)\cdot(e_2+1)$ Teiler

Weitere Problemstellung:
Wie wirken sich hinzukommende Primfaktoren aus?

Nun erfordert das Verallgemeinern eine noch genauere Analyse der bisherigen Ideen.

Dazu zunächst nochmals Orientierung an einem Beispiel:

$a = 30 = 2 \cdot 3 \cdot 5$

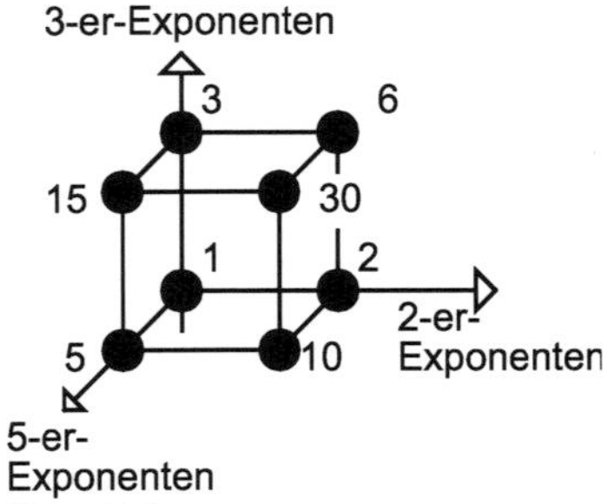

Figur 7.4

Es kommt also offenbar eine weitere Koordinatenachse hinzu.

Analysen / Beobachtungen:
Sind drei Primzahlen in a enthalten, dann entstehen quaderförmige Strukturen. Anstelle der Rechteck-Regel tritt die Quader-Regel: Produkte von 3 Faktoren sind zu bilden.

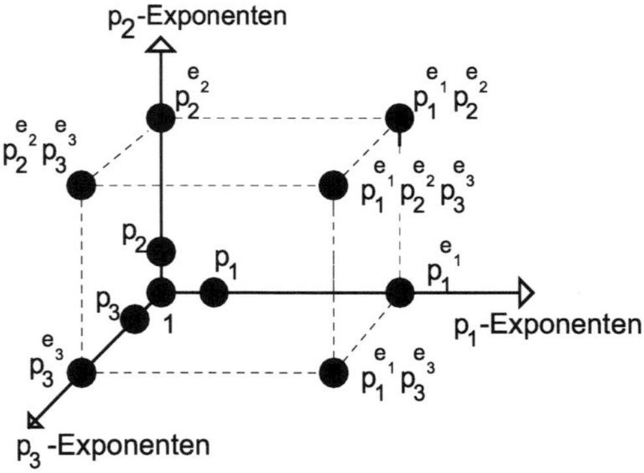

Figur 7.5

$a = p_1^{e_1} \cdot p_2^{e_2} \cdot p_3^{e_3}$ hat
$(e_1+1)(e_2+1)(e_3+1)$ Teiler

Beobachtung und Erkennen der Struktur:
Die Teiler von
$a' = p_1^{e_1} \cdot p_2^{e_2}$
kommen alle auch als Teiler von a vor. (e_3+1)-mal können sie mit verschiedenen Potenzen von p_3 versehen werden. Soviele rechteckige Schichten hat nämlich der Quader.

Sind mehr als 3 Primzahlen beteiligt, versagt zwar die räumliche Vorstellung, jedoch die Idee der Darstellung bleibt:

Jede neu hinzukommende Primzahl p_k kann mit allen Potenzen $p_k^0, p_k^1, \ldots, p_k^{e_k}$
,
und das sind (e_k+1), zu den bisherigen Teilern hinzutreten.

Es ist dies eine Verallgemeinerung der dem Quader zugrundeliegenden *geometrischen Idee.*

Damit ergibt sich als Endergebnis:

Satz über die Anzahl der Teiler:

Die natürliche Zahl a mit der Primzahlzerlegung $a = p_1^{e_1} \cdot p_2^{e_2} \cdot \ldots \cdot p_k^{e_k}$
hat $(e_1+1)\cdot(e_2+1)\cdot \ldots \cdot(e_k+1)$ natürliche Zahlen als Teiler

Auf die in der oben durchgeführten Herleitung benutzte graphische Darstellung wird im nächsten Abschnitt nochmals eingegangen. Wie meist in der Mathematik läs*s*t auch dieses Problem - Bestimmung der Teileranzahl - eine ganz andere Lösung, eine andere graphische Darstellung zu.

Ist wieder $a = p_1^{e_1} \cdot p_2^{e_2} \cdot \ldots \cdot p_k^{e_k}$, dann kommen als Primfaktoren der Teiler von a nur die Primzahlen $p_1, \ldots, p_k$ in Frage (Euklidisches Lemma: $p \mid a$, dann ist $p = p_i$ für ein i mit $1 \le i \le k$). Nun stelle man sich die Bestimmung eines Teilers so vor (und verwende damit abermals die schon oben erwähnte Idee, eine Problemstellung in eine Anweisung zum Handeln zu verwandeln):

Wähle zuerst aus, wie oft p_1 im Teiler vorkommt. Dafür gibt es die e_1+1 Möglichkeiten $p_1^0, p_1^1, \ldots, p_1^{e_1}$. Wähle dann aus, wie oft p_2 vorkommt, usw. Als graphische Darstellung bietet sich dafür ein Baumdiagramm an, weil bei jeder Wahl die vorhergehende Wahl keinen Einfluss mehr hat:

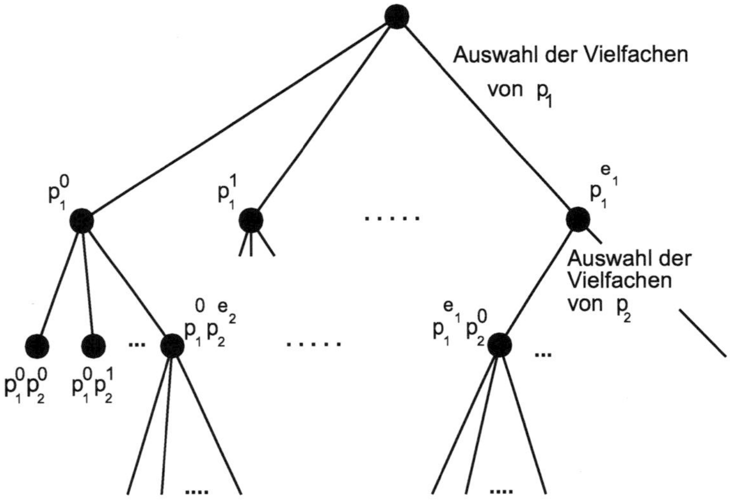

Figur 7.6

Der Baum verzweigt sich auf jeder der k Ebenen gleichmäßig, und es ergibt sich deshalb auch auf diese Weise die schon bekannte Formel:

Anzahl der Teiler = $(e_1+1)(e_2+1)\ldots(e_k+1)$

7.4 Teilerdiagramme

Die im vorherigen Abschnitt zuerst benutzte Darstellung der Menge der Teiler einer Zahl bedient sich zum wiederholten Male der bereits häufiger verwendeten Korrespondenz zwischen einer geometrischen Ausdrucksweise und dem arithmetischen Inhalt („geometrische Sprache“ ↔ „arithmetische Sprache“). Und zwar entsprechen sich im Einzelnen etwa:

„geometrisch“	„arithmetisch“
Koordinatenachsen	p,q,...-Exponenten
Fortschreiten in Achsenrichtung um 1	Multiplikation mit der entsprechenden Primzahl
weiter entfernt vom Ursprung	mehr Primfaktoren sind im Teiler enthalten

Die letzte Entsprechung hat dazu geführt, dieses „weiter entfernt“ bequemer und übersichtlicher durch ein „Nach-oben-fortschreiten“ auszudrücken, weil dann die einzelnen Teilbarkeitsverhältnisse noch besser sichtbar werden. Dazu hat man sich die im vorausgehenden Abschnitt benutzten Rechteck-, Quader-, ...-Diagramme einfach auf die Spitze gestellt vorzustellen. Es entstehen dann die sog. „Teilerdiagramme“, die oft auch als „Hasse-Diagramme“ bezeichnet werden, nach Helmut Hasse (1898 - 1979), einem der bedeutenden Zahlentheoretiker und Algebraiker dieses Jahrhunderts, der solche Diagramme zur Erläuterung algebraischer Zusammenhänge eingeführt hat.

Zwei Beispiele für Teilerdiagramme zeigen, wie das Weglassen von Unwesentlichem die Übersichtlichkeit erhöht:

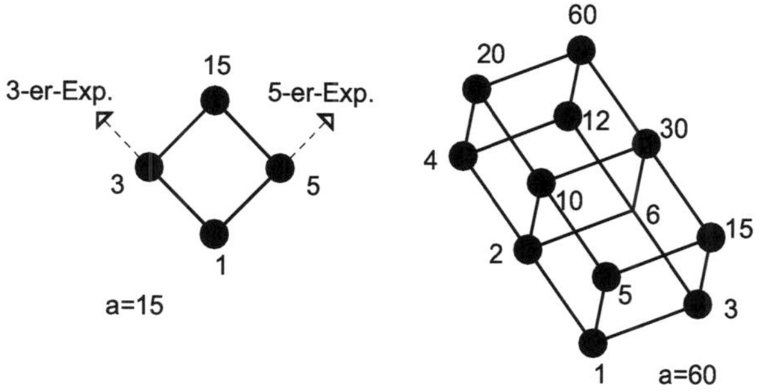

Figur 7.7

Bei den Teilerdiagrammen erkennt man also:

- Die am höchsten stehende Zahl ist die Zahl, deren Teiler dargestellt werden. Die Wurzel des Diagramms ist stets 1.

- Alle unterhalb einer Zahl im Diagramm stehenden, d. h. durch nach unten führende Kanten parallel zu den - nicht immer eingezeichneten - Achsen mit dieser verbundenen Zahlen sind Teiler dieser Zahl.

- Die gemeinsamen Teiler zweier Zahlen findet man, indem man diejenigen Zahlen sucht, die von beiden Zahlen aus durch Kantenzüge nach unten verbindbar sind. Die höchststehende solche Zahl ist der ggT. Entsprechendes gilt für gemeinsame Vielfache (siehe den folgenden Abschnitt).

- Immer stehen die Primzahlen in der untersten „Schicht", dann folgen die Zahlen des Typs p·q usw..

Die Teilerdiagramme können also gelesen werden als eine Darstellung der natürlichen Zahlen, die nicht - wie die Zahlengerade - das übliche „größer" / "kleiner" widerspiegelt, sondern die zeigt, wie die Beziehung „ist Teiler von" ebenfalls eine Art Anordnung, wenn auch eine viel komplexere, hervorruft. Diese Analogie wird auch im folgenden Abschnitt deutlich.

7.5 kgV- und ggT-Berechnung mittels der Primzahlzerlegung

Für kleine Zahlen kann man kgV und ggT am einfachsten durch Benutzung der Primzahlzerlegungen berechnen.

Beispiel

a = 180	=	2·	2·	3·	3·	5	
b = 105	=			3·		5·	7
ggT(180,105)	=			3·		5	
kgV(180,105)	=	2·	2·	3·	3·	5·	7

Um den größten gemeinsamen Teiler zu berechnen, hat man offenbar nach den Primzahlen zu suchen, die in beiden Zerlegungen gleichzeitig vorkommen. Alle derartigen bilden den ggT, denn er soll ja alle gemeinsamen Teiler selbst als Teiler enthalten (siehe Kap. 6). Kommt also die Primzahl p in a in der Vielfachheit e, in b in der Vielfachheit f vor, dann kommt sie im ggT in der Vielfachheit min(e,f) vor. „min" steht dabei für das Minimum, für die kleinere der beiden Zahlen.

Entsprechendes gilt für das kgV. Da es in allen gemeinsamen Vielfachen als Teiler steckt, gilt es, mit möglichst wenigen Primzahlen eine Zahl herzustellen, die sowohl a, wie auch b enthält. Dementsprechend muss man von einer Primzahl p, die wieder mit Vielfachheit e in a und f in b stecke, max(e,f) viele in das kgV aufnehmen. „max" bedeutet Maximum, also die größere der beiden Zahlen.

Nun ist es einfach, die bereits bekannte Formel $a \cdot b = ggT(a,b) \cdot kgV(a,b)$, die oben ohne die Verwendung der Primzahlzerlegung hergeleitet wurde, nochmals auf anderem Wege nachzuweisen. Sind nämlich

$$a = \ldots p^e \ldots \quad \text{und} \quad b = \ldots p^f \ldots$$

die Primzahlzerlegungen, von a und b, dann steckt p mit der Vielfachheit e+f in a·b und mit Vielfachheit min(e,f)+max(e,f) im Produkt ggT·kgV. Aber trivialerweise gilt e+f = min(e,f)+max(e,f), denn eine der beiden Zahlen e oder f ist ja die größere, eine die kleinere; die Summe bleibt also erhalten. (Die Beziehung gilt natürlich auch für e = f.) Die beiden Produkte a·b und ggT(a,b)·kgV(a,b) haben also die gleichen Primfaktoren, und sind daher gleich.

-R- Auch dies kann wieder als ein Beispiel für „typisches mathematisches“ Arbeiten angesehen werden. Zu mathematischen Sätzen kommt man stets auf mehreren Wegen. Es ist eine Frage des Abwägens, welchen man in welcher Situation bevorzugt. Offenbar hat diese Einsicht auch wieder unmittelbare didaktische Konsequenzen.

Aufgaben zu Kapitel 7

1) Für teilerfremde Zahlen a und b zeige man:

   i) $a \mid c$ und $b \mid c \Rightarrow a \cdot b \mid c$

   ii) $a \mid b \cdot c \Rightarrow a \mid c$

2) Spezielle Teilbarkeiten

   Für alle $n \in N$ gilt:

   i) $24 \mid n(n+1)(n+2)(n+3)$

   ii) $30 \mid n^5-n$, (für $n \geq 3$); für ungerades n: $240 \mid n^5-n$

   iii) $240 \mid p^4-1$ (p> 5, Primzahl)

   iv) $9 \mid n^3 + (n+1)^3 + (n+2)^3$

3) Sieb des Eratosthenes

   a) Die Zahlen 1 bis 300 sind in einem Feld mit 6 (4, 10) Spalten fortlaufend aufgeschrieben. In welchen Spalten liegen Primzahlen, in welchen nicht?

   b) Wie weit muss man streichen, wenn man alle Primzahlen in diesem Feld finden will?

   c) Das Verfahren ist durchgeführt bis einschließlich der Streichung aller echten Vielfachen von 11. Welche Zahlen sind im Feld bis 300 noch nicht gestrichen, obwohl sie keine Primzahlen sind?

   d) Wie groß darf ein Zahlenfeld maximal sein, damit nach dem Streichen aller echten Vielfachen von 19 nur Primzahlen nicht gestrichen sind?

4) Es gibt keine Primzahl p, so dass p+2, p+4 und p+6 ebenfalls Primzahlen sind. (Was folgt daraus für Primzahldrillinge?)

5) Bestimmen Sie 4 (5, 10) aufeinanderfolgende Zahlen, die keine Primzahlen sind.

6) In Anlehnung an den Beweis aus der Vorlesung über die Unendlichkeit der Primzahlen weise man nach, dass es auch unendlich viele Primzahlen von Typ 3n-1, 4n-1 bzw. 6n-1 gibt.

7) Man definiere in $A = \{4n+1, n \in \mathbf{N}_0\}$ folgende Eigenschaft:
Eine Zahl q aus A heißt A-Primzahl, wenn aus $q = a \cdot b$ mit $a, b \in A$ stets $a=1$ oder $b=1$ folgt.
Alle anderen Zahlen in A heißen zerlegbar.

Man zeige:

- Mit $a,b \in A$ ist auch $a \cdot b \in A$.

- Geben Sie alle A-Primzahlen bis 50 an.

- Geben Sie mehrere Zerlegungen von 441 (1089) in A-Primzahlen an und deuten Sie dieses Phänomen in A im Unterschied zu **N**.

8) Quadratzahlen haben immer ungerade viele Teiler. Gilt auch die Umkehrung?

9) Man suche die kleinste Zahl mit genau 24 (10) Teilern. Wie viele ungerade Teiler hat sie? Wie viele Teiler sind Quadratzahlen?

10) Teilersummen

Bei einer ungeraden Quadratzahl ist die Summe aller Teiler ebenfalls ungerade.

Die Summe aller Teiler von $p \cdot q$ ist stets kleiner als $2 \cdot p \cdot q$.

Untersuchen Sie die Summe S aller Teiler von 2^n, 3^n; ..., p^n.

Wann gilt $S(2^n \cdot p) = 2 \cdot 2^n \cdot p$?

Kommentar

zu Aufg. 1

Für den Nachweis spezieller Teilbarkeiten (wie in Aufg.2) sind diese Regeln, insbesondere die erste der beiden, unverzichtbar. Durch Beispiele sieht man schnell, dass beide Regeln nur für teilerfremde Zahlen a und b gelten. Diese Teilerfremdheit nutzt man in der Form, dass man den ggT von a und b als Linearkombination darstellt

$$1 = ax + by \quad \text{mit } x,y \in Z$$

und für beide Regeln diese Gleichung mit c multipliziert.

(*) $c = a \cdot c \cdot x + b \cdot c \cdot y$

i) $a \mid c \Rightarrow a \cdot b \mid b \cdot c$, und $\quad b \mid c \Rightarrow a \cdot b \mid a \cdot c$,

damit teilt $a \cdot b$ auch jede Linearkombination von $a \cdot c$ und $b \cdot c$, also wegen (*) auch c.

ii) $a \mid a$ und $a \mid b \cdot c$, also auch jede Linearkombination von a und $b \cdot c$, (*) stellt eine Linearkombination dar, also teilt a auch c.

Diese letzte Regel kann man so verallgemeinern: Gilt für alle Produkte $b \cdot c$ mit $a \mid b \cdot c$ und $a \nmid b$ dass $a \mid c$, so ist a eine Primzahl.

Dies ist die in der Vorlesung diskutierte Möglichkeit der Definition von "Primzahl" über das Euklidische Lemma.

zu Aufg.2

Mit Hilfe der Regel i) von Aufg.1 kann man den Nachweis dieser Teilbarkeiten getrennt nach einzelnen Primzahlpotenzen durchführen. Da diese zueinander teilerfremd sind, kann man die ermittelten Teiler zuletzt multiplikativ zusammensetzen.

i) Für die Primzahl 2: Von 4 aufeinanderfolgenden Zahlen ist eine durch 2, eine weitere Zahl durch 4 teilbar.

Für die Primzahl 3: Von 4 aufeinanderfolgenden Zahlen ist genau eine der Zahlen durch 3 teilbar.

Insgesamt: $3 \cdot 8 = 24$, also $24 \mid n(n+1)(n+2)(n+3)$

ii) und iii) hängen eng zusammen, was man sieht, wenn man beide Terme in Faktoren zerlegt.

T_1: $n^5 - n = n \cdot (n^4-1) = (n-1) \cdot n \cdot (n+1) \cdot (n^2+1)$ bzw.

T_2: $p^4 - 1 = (p^2-1) \cdot (p^2+1) = (p-1) \cdot (p+1) \cdot (p^2+1)$

Auch hier ist es günstig nach einzelnen Primzahlen getrennt, die Teilbarkeit der Terme zu untersuchen. Vergleicht man T_1 mit T_2, so fehlt der Faktor n (bzw. p) bei T_2. Dieser wird nur für den Fall "n ist eine Dreier- bzw. Fünferzahl" gebraucht, was in T_2 für eine Primzahl >5 nicht untersucht werden muss.

Natürlich kann man auch andere Methoden anwenden. Den Term $n^5 - n$ untersucht man für die Primzahlen 2, 3 und 5. Indem man alle Fallunterscheidungen durchprobiert,

n lässt den Rest 0, 1, 2, 3 oder 4 bei Division durch 5. Welcher Rest entsteht bei $n^5 - n$?

So kommt man zur entsprechenden Teilbarkeitsaussage.

Bei iv) geht es aber auch induktiv. Für n=0 gilt die Aussage. Dann untersucht man, wie sich der Term T_n von seinem Nachfolger T_{n+1} unterscheidet.

$$T_{n+1} = (n+1)^3+(n+2)^3+(n+3)^3$$
$$= n^3+(n+1)^3+(n+2)^3+ 3\cdot n^2\cdot 3+ 3\cdot n\cdot 9 + 27 =$$
$$= T_n + 9(n^2+3n+3)$$

Hieraus liest man ab, dass von Schritt zu Schritt jeweils eine Neunerzahl hinzukommt. Damit ist die Aussage bestätigt.

zu Aufg.3

a) Eine erste Untersuchung könnte der Frage dienen, was für Muster die verschiedenen Vielfachenmengen in den jeweiligen Zahlenfeldern bilden.

Für alle Teiler der Spaltenanzahlen bilden die Vielfachen Spaltenmuster. Beim Feld mit 6 Spalten füllen also die Vielfachen von 2 die 2., 4. und 6. Spalte und die 3. und 6. Spalte die Vielfachen von 3. Damit wird schon entscheidbar, dass alle Primzahlen (außer 2 und 3) in der 1. bzw. 5. Spalte liegen müssen, da die anderen schon nach dem 2. Schritt vollständig gestrichen werden. Daher hat man eine Klasseneinteilung der Primzahlen in Typen der Form 6n-1 und 6n+1. Beim Feld mit 4 Spalten entsprechend eine Aufteilung in Primzahlen der Form 4n-1 und 4n+1.

b) Aus der Vorlesung ist bekannt, dass der kleinste Teiler t ($\neq$1) einer Zahl N eine Primzahl ist. Andererseits entwickelt man die Abschätzung $t \leq \sqrt{N}$, da t und sein Komplementärteiler nicht beide oberhalb von $\sqrt{N}$ liegen können. In unserem Fall ist N = 300 und $\sqrt{300}$ = 17,32 ..., d.h. das Streichverfahren ist bis einschließlich der Vielfachen von 17 durchzuführen.

c) Wenn alle echten Vielfachen von 11 gestrichen sind, ist die nächste noch nicht gestrichene Zahl die 13. Sie wird als Primzahl markiert. Alle echten Vielfachen von ihr müssten nun gestrichen werden. Man macht sich schnell klar, dass *2·13, 3·13, ...* usw. schon gestrichen sind. *13·13* ist die kleinste zerlegbare Zahl, die noch nicht gestrichen ist. Außerdem gilt das für die Zahlen *13·17, 13·19, 13·23, 17·17* im Zahlenfeld bis 300.

d) Die nächste nichtgestrichene Zahl nach der 19 ist die 23. Mit der Überlegung von oben ist das Vielfache *23·23 = 529* noch nicht gestrichen. Da dies die kleinste nicht gestrichene, aber zerlegbare Zahl ist, darf das Feld höchstens bis 528 gehen.

zu Aufg.4

Primzahlen mit dem Unterschied 2 nennt man Primzahlzwillinge. Im Zahlenfeld mit 6 Spalten muss dann die kleinere in der 5. Spalte, die um 2 größere Primzahl in der 1. Spalte liegen.

Liegt p in der 5. Spalte (ist also von der Form 6n-1), muss p+4 in der 3. Spalte (6n-1+4 = 6n+3) sein und ist damit keine Primzahl.

Liegt p in der 1. Spalte, gilt dies für p+2. Primzahldrillinge müssen also von der Form 6n-1, 6n+1, 6n+5 oder p, p+2, p+6 sein.

zu Aufg.5

Es wird vermutet, dass es auch unendlich viele Primzahlzwillinge gibt (eine Aussage, die bis heute weder bewiesen noch widerlegt werden konnte, obwohl schon sehr große Primzahlzwillinge gefunden wurden) d.h. einerseits würden immer mal wieder 2 Primzahlen nur um eine gerade Zahl getrennt nebeneinander liegen. Andererseits kann man auf der Zahlengeraden aber Abschnitte vorgegebener Länge finden, in denen überhaupt keine Primzahlen vorkommen.

Sucht man n aufeinanderfolgende Zahlen, die keine Primzahlen sind, so ist man sicher, dass unter den Zahlen

$$(n+1)!+2,\ (n+1)!+3, \ldots,\ (n+1)!+(n+1)$$

keine Primzahl ist, da sie in der notierten Reihenfolge durch 2,3,...bzw. n+1 teilbar sind. Auf diese Weise bekommt man z.B. die 4 Zahlen

$$5!+2,\ 5!+3,\ 5!+4,\ 5!+5 \quad (122,\ 123,\ 124,\ 125)$$

die eine solche Lücke Primzahllücke darstellen (die 4er-Lücke mit den kleinsten Zahlen wäre 24, 25, 26, 27 (28)).

zu Aufg.6

Um die Unendlichkeit einer Menge aufzuzeigen, gibt es ganz unterschiedliche Methoden. In der analytischen Zahlentheorie beweist man die Unendlichkeit der Primzahlen damit, dass man die Summe über die Kehrwerte aller Primzahlen als unendlich groß nachweist. (Gäbe es nur endlich viele Primzahlen, hätte auch die Summe einen endlichen Wert.)

Hier wird so argumentiert: Zu jeder vorgelegten Menge von Primzahlen muss es noch eine weitere Primzahl geben.

Man nimmt Primzahlen $p_1, p_2, \ldots, p_n$ von der Form 6n-1 her und bildet die Zahl

$$M = 6 \cdot p_1 . p_2 \cdot \ldots \cdot p_n - 1$$

Diese Zahl M ist durch keine der Primzahlen p_j teilbar. Entweder ist M selbst Primzahl, also eine weitere zu den $p_1, p_2, \ldots, p_n$ und nach Konstruktion von der Form 6n-1 oder M ist keine Primzahl, besitzt dann aber eine Zerlegung in Primfaktoren. Wären alle darin beteiligten Primfaktoren von der Form 6n+1, würde das auch für M gelten. Daher gibt es wenigstens eine weitere Primzahl, die auch von der Form 6n-1 ist.

Bezogen auf das Zahlenfeld mit 6 Spalten bedeutet dies, dass in der 5. Spalte unendlich viele Primzahlen liegen. Mit derselben Überlegung bekommt man übrigens nicht heraus, dass es auch unendlich viele Primzahlen vom Typ 6n+1 gibt, was man aber aus anderer Quelle weiß.

zu Aufg. 7

Dies ist ein zugegebenerweise künstliches Beispiel für einen Bereich von Zahlen, in dem man multiplizieren und auch Zerlegungen von Zahlen studieren kann.

Mit dieser Aufgabe soll die Eindeutigkeit der Primfaktorzerlegung, so wie man sie in N vorfindet, in anderen Zahlbereichen beleuchtet werden. Die Eindeutigkeit kann erst dann voll beurteilt werden, wenn man auch Beispiele kennt, wo man sie nicht hat.

Man rechnet für Zahlen der Form 4n+1 durch Ausmultiplizieren nach, dass auch ihre Produkte wieder von derselben Form sind. Schreibt man eine Liste der A-Primzahlen, so ist natürlich eine normale Primzahl auch eine A-Primzahl, (sofern sie in A enthalten ist), aber es kommen weitere Zahlen hinzu: 9 ist mit Zahlen aus A nur zerlegbar als $9 = 1 \cdot 9$ und daher eine A-Primzahl, ebenfalls 21, 33, 49,.... .

Zerlegt man 441 und 1089 in N, so ergibt sich

$441 = 21 \cdot 21 = 9 \cdot 49$

$1089 = 33 \cdot 33 = 9 \cdot 121$

und man hat damit auch je zwei Zerlegungen in A-Primzahlen.

Es gibt auch andere Teilmengen von N, in denen eine analoge Primfaktorzerlegung nicht eindeutig ist.

zu Aufg. 8

Eine einfache Überlegung geht von dem Paar -Teiler und zugehöriger Komplementärteiler- aus. So zerfällt eine Teilermenge in Paare von Zahlen, sofern jeweils diese beiden Teiler verschieden sind. Ist jedoch Teiler und Komplementärteiler gleich (t=t'), macht das einmal die Anzahl der Teiler ungerade, zum anderen bedeutet das t · t' = t · t = N, dass N als t^2 geschrieben werden kann und damit eine Quadratzahl ist.

Der andere Weg führt über die Primfaktorzerlegung einer Quadratzahl N.

Für $N = t^2 = (p_1^{\alpha_1} \cdot p_2^{\alpha_2} \cdot \quad \ldots \cdot p_n^{\alpha_n})^2 = p_1^{2\alpha_1} \cdot p_2^{2\alpha_2} \cdot \ldots \cdot p_n^{2\alpha_n}$

bekommt man eine Primfaktorzerlegung mit nur geraden Exponenten. Die Anwendung der Formel für die Teileranzahl macht nun aus jedem dieser geraden Exponenten durch Addition von 1 einen ungeraden Faktor, was auch zu einem ungeraden Produkt führt.

$$\# T(N) = (2a_1 + 1)\,(2a_2 + 1) \ldots (2a_n + 1).$$

Ist umgekehrt die Teileranzahl ungerade, kann sie auch nur als Produkt ungerader Faktoren geschrieben werden, was bedeutet, dass diese von geraden Exponenten aus der Primfaktorzerlegung stammen. Dies ist gleichbedeutend mit der Eigenschaft, dass diese Primfaktorzerlegung von einer Quadratzahl stammt.

zu Aufg. 9

In diesem Kontext lassen sich eine Reihe von Fragestellungen operativ angehen: Hat man eine Zahl, kann man ihre Teileranzahl bestimmen und umgekehrt aus dieser Anzahl auch wiederum Zahlen konstruieren mit dieser Teileranzahl.

Aus der Primfaktorzerlegung einer Zahl gewinnt man leicht die Anzahl ihrer Teiler. Hat man nur die Anzahl der Teiler, muss man zunächst den Typus der Zahl (Aus wie vielen Primzahlen ist sie aufgebaut und mit welcher Vielfachheit sind sie vorhanden?) rekonstruieren und dann durch Belegung der Primzahlvariablen entsprechend der Aufgabenstellung Größenvergleiche o.ä. anstellen.

Aus wie vielen Primzahlen kann eine Zahl mit 24 Teilern zusammengesetzt sein? 24 als Produkt mit möglichst vielen Faktoren geschrieben, liefert die Primfaktorzerlegung 24 = 2·2·2·3 und man liest ab, dass maximal 4 Primzahlen beteiligt sein können. Betrachtet man alle Zerlegungen

$$24 = 2 \cdot 12 = 3 \cdot 8 = 4 \cdot 6 = 2 \cdot 2 \cdot 6 = 2 \cdot 3 \cdot 4 = 2 \cdot 2 \cdot 2 \cdot 3$$

so kann man hieraus den Typ der Primfaktorzerlegung zuordnen

z.B.	Zerlegung	Typ	kleinste Zahl
	24	p^{23}	2^{23}
	12·2	$p^{11}\cdot q$	$2^{11}\cdot 3$
	8·3	$p^{7}\cdot q^{2}$	$2^{7}\cdot 3^{2}$
	6·4	$p^{5}\cdot q^{3}$	$2^{5}\cdot 3^{3}$
	6·2·2	$p^{5}\cdot q\cdot r$	$2^{5}\cdot 3\cdot 5$ =480
	4·3·2	$p^{3}\cdot q^{2}\cdot r$	$2^{3}\cdot 3^{2}\cdot 5$ =360
	3·2·2·2	$p^{2}\cdot q\cdot r\cdot s$	$2^{2}\cdot 3\cdot 5\cdot 7$=420

und die Primzahlvariablen mit höherer Vielfachheit durch die kleineren Primzahlen belegen.

Hat man die Teiler einer Zahl, so kann man diese auch auf weitere Eigenschaften hin untersuchen.

Alle Teiler von $360 = 2^3\cdot 3^2\cdot 5$ sind von der Form $2^{\alpha}3^{\beta}5^{\tau}$,

wobei $0\leq \alpha \leq 3$; $0\leq \beta \leq 2$ und $0\leq \tau \leq 1$ variieren darf.

Ungerade Teiler bekommt man also für $\alpha = 0$ und kann dann die Exponenten β und τ innerhalb ihrer Grenzen variieren. 3·2 = 6 Teiler von 360 sind ungerade.

Unter den Teilern sind auch Quadratzahlen. Ihre Primfaktorzerlegungen besitzen nur gerade Exponenten (s.o.), d.h. sie sind von der Form $2^{2r}\cdot 3^{2s}$ mit $0\leq 2r \leq 3$ und $0\leq 2s \leq 2$, also $0\leq r \leq 1$ und $0\leq s \leq 1$. Daher gibt es insgesamt 4 Quadratzahlen unter den Teilern von 360.

zu Aufg. 10

Neben der Anzahl ist auch die Summe aller Teiler einer Zahl ein interessanter Untersuchungsgegenstand.

- Eine Quadratzahl hat ungerade viele Teiler, eine ungerade Quadratzahl nur ungerade Teiler. Die Summe ist also aus ungeraden vielen, ungeraden Summanden zusammengesetzt, also ungerade.

Schaut man nicht nur auf die Parität der Summe, sondern auf ihre Größe, so kann man alle Zahlen in 3 Klassen einsortieren.

Bezeichnet man mit S(n) die Summe aller Teiler von n, so ergeben sich die Klassen, je nachdem gilt:

$$S(n) < 2n, \quad S(n) = 2n \quad \text{oder} \quad S(n) > 2n$$

Die Zahlen heißen entsprechend defizient, vollkommen bzw. abundant. Für alle 3 Fälle findet man Beispiele in der Tabelle.

n	1	2	4	3	5	6	7	8	9	10	11	12.	20	21	24	28	30
S(n)	1	3	7	4	6	12	8	15	13	18	12	28	42	32	60	56	72

- Mit diesen Begriffen soll man also zeigen, dass für Primzahlen p, q ≥ 3 das Produkt $p \cdot q$ defizient ist. ($6 = 2 \cdot 3$ ist eine vollkommene Zahl).

Teiler von $p \cdot q$ sind 1, p, q, $p \cdot q$. Wegen p, q ≥ 3 ist $q \geq p + 2$,

also $S(p \cdot q) = 1 + p + q + p \cdot q < 2q + p \cdot q < p \cdot q + p \cdot q = 2\, p \cdot q$

- Wie sieht die Summe aller Teiler von Primzahlpotenzen aus?

$$T(2^n) = \{1, 2, 2^2, \ldots, 2^{n-1}, 2^n\}$$

$$S(2^n) = 1 + 2 + 2^2 + \ldots + 2^n = 2^{n+1} - 1$$

2^n ist also defizient für jedes $n \in \mathbf{N}$.

$$T(3^n) = \{1, 3, 3^2, \ldots, 3^{n-1}, 3^n\}$$

$$S(3^n) = 1 + 3 + 3^2 + \ldots + 3^n = \frac{3^{n+1} - 1}{2} = \frac{3}{2} \cdot 3^n - \frac{1}{2} < 2 \cdot 3^n$$

3^n ist ebenfalls defizient für jedes $n \in \mathbf{N}$.

Die letzte Aussage kann man auch für irgendeine Primzahlpotenz bestätigen: p^n ist defizient.

- Mit dieser letzten Aufgabe wird nach Bedingungen gefragt, wann eine Zahl der Form $2^n \cdot p$ (p>2) volkommen ist.

Alle Teiler von $2^n \cdot p$ sind von der Form: $2^\alpha \cdot p^\beta$ mit $0 \leq \alpha \leq n$; $0 \leq \beta \leq 1$

bzw. 2^α $(0 \leq \alpha \leq n)$ und $2^\alpha \cdot p$ $(0 \leq \alpha \leq n)$. Die letztere Einteilung erlaubt eine einfache Summation:

$$S(2^n p) = 1+2+2^2+\ldots+2^n+p+2 \cdot p+2^2 \cdot p+\ldots+2^n \cdot p = 2^{n+1} - 1 + p \cdot (2^{n+1} - 1)$$
$$= (p+1) \cdot (2^{n+1} - 1)$$

Soll nun $2^n \cdot p$ eine vollkommene Zahl sein, ergibt sich

$$S(2^n \cdot p) = (p+1) \cdot (2^{n+1} - 1) = 2 \cdot 2^n \cdot p \quad oder \quad p = 2^{n+1} - 1$$

Ist also p eine Primzahl, die sich als 2^{n+1} -1 schreiben lässt, dann ist $2^n \cdot p$ eine vollkommene Zahl.

Beispiele:

n	1	2	3	4	5	6
$p=2^{n+1}-1$	3	7	X	31	X	127
vollk. Zahl $2^n \cdot p$	6	28	X	496	X	8128

Umgekehrt sind alle geraden vollkommenen Zahlen von der eben diskutierten Form, was man auch noch zeigen könnte. Ungerade vollkommene Zahlen hat man bis heute noch nicht entdeckt.

8. Zahlen im Dezimal-System

Der Standpunkt, der in diesem Kapitel eingenommen wird, ist wiederum der einer nachträglichen Analyse von Verfahren und Eigenschaften, die aus dem üblichen Gebrauch der Zahlschreibweise und der Verwendung der Grundrechenarten allgemein zwar bekannt sind, meist aber nicht weiter hinterfragt werden. Man hat es hierbei jedoch mit zwei charakteristischen Schwierigkeiten zu tun, die sich einem tieferen Verständnis zunächst entgegenstellen, nämlich

1. mit einem Gewohnheitseffekt: Die Darstellung von Zahlen im Dezimalsystem und das Abarbeiten der geläufigen Rechenverfahren ist uns so vertraut, dass wir die dahinterliegende Systematik meist gar nicht mehr bemerken. Die Rechenverfahren werden schematisch, d.h. ohne noch auf den mathematischen Sinn der einzelnen Schritte Bezug zu nehmen, abgespult.

2. mit einer Schwierigkeit für die Vorstellung: Wegen der Allgegenwart des Dezimalsystems ist es schwer, sich eine Zahl überhaupt anders als mittels der Folge ihrer Dezimalziffern vorzustellen. In Wirklichkeit ist natürlich diese Ziffernfolge, das sog. „Zahlwort", nur eine unter vielen Möglichkeiten, ein und dieselbe Zahl anzuschreiben.

- -R- Dieses Kapitel bietet übrigens eine gute Gelegenheit, sich mit dem Verstehen der mathematischen Formelsprache auseinanderzusetzen. Es ist nämlich jetzt unvermeidlich, dass längere Formelketten, Indizes, Umstellungen von Formeln usw. auftreten. Aber alle diese Formeln sind stets deutlich auf das Durchführen von gewissen Handlungen bezogen - seien es Verschiebungen von Steinchen auf der Stellenwerttafel, seien es bereits symbolische Handlungen, wie etwa das Verzehnfachen, oder die Anwendung von Rechengesetzen. Die mathematischen Formeln geben eine prägnante, präzise Sprache für diese Operationen, und so sollte auch das Lesen der Formeln sein: Man bemühe sich ausdrücklich, nicht den Wust der Buchstaben und Zahlen, sondern die damit ausgedrückten Handlungen zu sehen.

8.1 Die Systematik der Stellenwertschreibweise

Um den genannten Schwierigkeiten entgegenzusteuern, wird die Problemstellung dieses Abschnitts wieder - vgl. die allgemeinen Bemerkungen hierzu in 7.3 - geeignet umformuliert. Von der allgemeinen Frage

- Wie werden Zahlen im Dezimalsystem dargestellt?

gehen wir über zu den eher handlungsmäßig aufzufassenden Problemen

- Kann man in systematischer Weise die einzelnen Ziffern einer Zahl *berechnen*?

oder noch konkreter (als Vorstellungs-Hilfe, nicht als tatsächlich zu realisierendes Programm aufgefasst!)

- Wie könnte ein Computer so programmiert werden, dass er die Ziffern einer eingegebenen Zahl *einzeln* und in der richtigen *Reihenfolge* ausgibt?

Die gestellten Fragen beziehen sich sowohl auf ganze Zahlen („Zahlen ohne Komma"), wie auch auf reelle Zahlen („Ziffern hinter dem Komma"). Das erstgenannte Problem wird jetzt anschließend, die Darstellung reeller Zahlen in 8.3 behandelt. Negative Zahlen berücksichtigt man wie üblich durch ein Minuszeichen vor der Ziffernfolge.

Es genügt also, zunächst von einer natürlichen Zahl a auszugehen. Wie erhält man die Einerziffer? Offenbar ist diese der Rest, der bleibt, wenn man a durch 10 dividiert (Beispiel: $12\underline{3} = 12 \cdot 10 + \underline{3}$). Um dann die 10-er-Ziffer zu erhalten, muss man vom entstandenen Quotienten (12 im Beispiel) abermals den Zehnerrest bilden. So entsteht dieser Algorithmus:

$$
\begin{array}{lcll}
a & = & q_1 \cdot 10 + z_0 & \text{mit } 0 \le z \ \le 9 \\
q_1 & = & q_2 \cdot 10 + z_1 & \text{mit } 0 \le z_1 \le 9 \\
 & & & \\
q_{k-1} & = & q_k \cdot 10 + z_{k-1} & \text{mit } 0 \le z_{k-1} \le 9 \\
q_k & = & 0 \cdot 10 + z_k & \text{mit } 0 \le z_k \ \le 9
\end{array}
$$

Dieser Algorithmus bricht in jedem Falle nach endlich vielen Schritten ab. Man erkennt nämlich aus den einzelnen Gleichungen

$$a \ge 10 \cdot q_1 \ge 10 \cdot 10 \cdot q_2 \ge \ \dots \ \ge 10^{k} \cdot q_k,$$

und eine solche Serie kann nicht beliebig weit gehen. Irgendwann ist nämlich $a < 10^{k+1}$, und spätestens dann können keine von 0 verschiedenen Quotienten mehr auftreten.

Beispiel: a = 3456

$$
\begin{array}{lcrcl}
3456 & = & 345 \cdot 10 + 6 & \longrightarrow & 6 \text{ ist die Einerziffer} \\
345 & = & 34 \cdot 10 + 5 & \longrightarrow & 5 \text{ ist die Zehnerziffer} \\
34 & = & 3 \cdot 10 + 4 & \longrightarrow & 4 \text{ ist die Hunderterziffer} \\
3 & = & 0 \cdot 10 + 3 & \longrightarrow & 3 \text{ ist die Tausenderziffer und}
\end{array}
$$

wegen q=0 zugleich die letzte sich im Algorithmus ergebende, von Null verschiedene Ziffer.

Der Algorithmus ist also auf den ersten Blick formal sehr ähnlich dem Euklidischen Algorithmus. Es wird allerdings *stets* durch 10 dividiert. Daher ergibt sich, wenn man den Algorithmus fortlaufend liest, die folgende Kette von Gleichungen:

$$\begin{aligned} a &= 10\cdot q_1 + z_0 = 10\cdot(10\cdot q_2 + z_1) + z_0 = 10^2\cdot q_2 + 10\cdot z_1 + z_0 = \\ &= 10^3 q_3 + 10^2 z_2 + 10 z_1 + z_0 = \\ &= \text{usw.,} \end{aligned}$$

bis man nach endlich vielen Schritten an das Ende des Algorithmus kommt. Schließlich ergibt sich damit als Endergebnis:

Satz über die Darstellbarkeit von Zahlen im Dezimalsystem:

Jede natürliche Zahl a lässt sich als Summe des Typs

$$a = z_k\cdot 10^k + z_{k-1}\cdot 10^{k-1} + \ldots + z_1\cdot 10 + z_0$$

mit Ziffern z_i $(0 \le z_i \le 9$ für $i = 0, 1, \ldots, k)$ darstellen.

Folgerung: Da in der ganzen Herleitung des obigen Resultates niemals eine spezielle Eigenschaft der Zahl 10 benutzt wurde - lediglich $10 > 1$ wurde beim Feststellen des Abbrechens des Algorithmus gebraucht, gilt ein entsprechendes Resultat auch allgemeiner:

Satz über die Darstellbarkeit von natürlichen Zahlen in Stellenwertsystemen:

Jede natürliche Zahl a lässt sich mittels einer „Grundzahl" g $(g \in \mathbf{N},\ g \ge 2)$ darstellen als

$$a = z_k\cdot g^k + z_{k-1}\cdot g^{k-1} + \ldots + z_1\cdot g + z_0,$$

wobei die „Ziffern" $z_0, \ldots, z_k$ aus $\{0,1,\ldots,g-1\}$ genommen sind.

Die so gegebene Darstellbarkeit kann in verschiedener Weise als Handlung gedeutet werden. So, wie der Algorithmus oben aufgeschrieben wurde, ist die folgende Handlung die Grundlage: Eine Anzahl a von Objekten wird zuerst in Bündel von je 10 (bzw. je g in einem anderen System) Objekten zusammengefasst; einige Objekte, nämlich z_0, werden übrigbleiben. Dann bündelt man die entstandenen 10-er-Bündel wieder zu je 10; einige, nämlich z_1 der 10-er-Bündel, werden als Rest stehen bleiben, usw..

Konkretes Handeln geht freilich gelegentlich den umgekehrten Weg. Man sucht zuerst eine so große Stufenzahl 10^k, dass die a Elemente weniger als $10 \cdot 10^k$ sind. Dann nimmt man möglichst viele, das sind jedoch höchstens 9, der 10^k-Einheiten weg; der verbleibende Rest ist weniger als $10^k = 10 \cdot 10^{k-1}$, so dass das gleiche Abzählverfahren abermals angewendet werden kann. Schließlich kommt man zu einigen, nämlich höchstens 9 einzelnen Objekten, deren Zahl die Einerziffer ergibt.

Das zuletzt genannte Verfahren stimmt am ehesten mit der Strategie überein, die man beim Zählen größerer Geldbeträge verwendet: Zuerst große Scheine, zuletzt die Cents zählen. Das zuerst genannte Verfahren verwendet man dort allerdings zum Zählen und Einwechseln gleichartiger Münzen: z.B. 10-Cents zu je 10 zusammenlegen, das ergibt jeweils 1 EURO; je 10 der 10 „10-Cents"-Häufchen entsprechen einem 10-EURO-Schein; ... usf...

Eine dritte Art, die Stellenwertdarstellung in konkreten Handlungen auszudrücken, liegt mit dem Hilfsmittel der *Stellenwerttafel* vor. Das ist einfach eine Tabelle, in der jede Spalte für einen gewissen „Stellenwert", also für 1, 10, 10^2, 10^3, ... , steht. Zahlen werden dabei so dargestellt, dass jeweils den Ziffern z_i entsprechend viele Steinchen (lat: „calculi" - daher das Fremdwort „Kalkül") in die richtigen Spalten gelegt werden. In Fig. 8.1 ist also z.B. die Zahl 10135 gelegt.

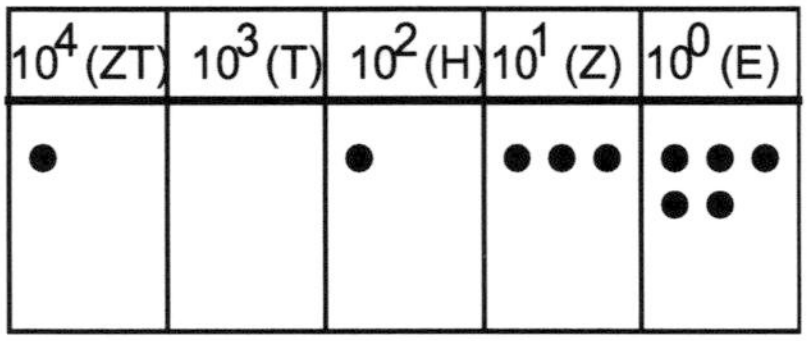

a = 10 135

Figur 8.1

Bestimmte Handlungen, z.B. Verschieben, Wegnehmen, Hinzufügen, Vertauschen usw. von Steinchen korrespondieren dabei mit entsprechenden Operationen mit Zahlen, nämlich so:

- Das Finden der Dezimaldarstellung mit dem obigen Algorithmus entspricht der bereits geschilderten Bündelung: Zuerst liegen alle Steinchen in der Einer-Spalte. Für je 10 davon wird ein Stein in die Zehnerspalte gelegt; je 10 Zehner werden durch einen Hunderter ersetzt, usw..
- Hinzufügen von Steinchen entspricht der Addition, evtl. muss dann wieder gebündelt werden.

- Wegnehmen von Steinchen korrespondiert der Subtraktion, wobei evtl. ein höherwertiger Stein in 10 niedrigerwertige zu verwandeln, zu „entbündeln" ist.
- Verschiebungen von einem Stein in eine andere Spalte drücken immer bestimmte Additionen oder Subtraktionen aus. Etwa bedeutet Verschieben eines Einer-Steins in die Hunderterspalte eine Subtraktion von einem Einer (-1) und eine Addition von einem Hunderter (+100), insgesamt also eine Addition von 100-1 = 99.

8.2. Die schriftlichen Rechenverfahren im Dezimalsystem

Das konkrete Handeln in der Stellenwerttafel ist auch - allerdings unterschiedlich direkt bei den verschiedenen Rechenoperationen - der gedankliche Hintergrund der geläufigen schriftlichen Rechenverfahren. Wie schon bei der Darstellung von Zahlen im Dezimalsystem gehen wir davon aus, dass die schriftlichen Rechenverfahren selbst bekannt sind. Der Schwerpunkt liegt also wieder auf der Analyse der mathematischen Hintergünde der Verfahren. Auf einer ganz anderen Ebene liegen auch die didaktischen Überlegungen, die man sich bei der Einführung solcher Verfahren im Unterricht für Kinder zu machen hat.

Grundsätzlich gilt bei der Umsetzung der arithmetischen Operationen von dem konkreten Handeln in der Stellenwerttafel in das „Handeln mit Bleistift und Papier" Folgendes: Es müssen nun Anpassungen an das andere „Medium" vollzogen werden, weil Handhabbarkeit, Denkökonomie, Effizienz als Gesichtspunkte ins Spiel kommen. Das sind keine mathematisch zwingenden Kategorien. Daher tragen die schriftlichen Rechenverfahren auch einen nicht geringen Teil Konvention mit sich, wie sich z.B. an der Tatsache zeigt, dass in anderen Ländern und zu anderen Zeiten andere Verfahren gebräuchlich sind. Dieser Gedanke weist einerseits zurück auf die historischen Verfahren, die in Kap. 3 besprochen wurden, andererseits tritt er vertieft und sozusagen durch die Rechen-„Technik" verschärft im Kap. 9 wieder auf.

1. Die schriftliche Addition

Das Verfahren für die Addition gewinnt man in natürlicher Weise aus den Handlungen mit Steinen (Plättchen) in der Stellenwerttafel.

Gegeben sei die Aufgabe 6471 + 2553.

Die bisherigen Überlegungen haben gezeigt, wie man einzelne Zahlen in der Stellenwerttafel darstellt. Bei der Bestimmung der Summe wird man zuerst jeden Summanden in der Stellenwerttafel durch Plättchen legen.

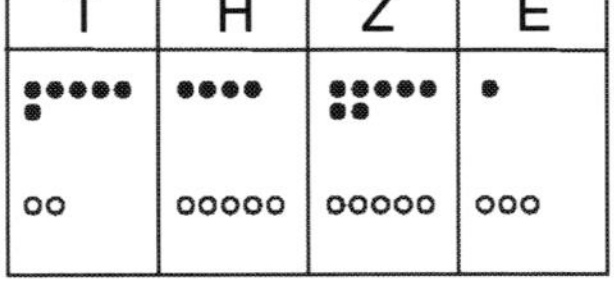

Figur 8.2

Dem Addieren von Zahlen auf der rechnerischen Ebene entspricht das Zusammenschieben von (Plättchen-) Mengen auf der Handlungsebene. Da die Plättchen in verschiedenen Spalten eine unterschiedliche Wertigkeit besitzen, darf man hier nur die Plättchen in derselben Spalte zusammenfassen. So entstehen in den Spalten Mengen mit 4, 12, 9 und 8 Plättchen. Da die so entstandene Zahl noch die Grundregel der dezimalen Stellenwerttafel verletzt („In jeder Spalte dürfen höchstens 9 Plättchen liegen."), muss ihre Darstellung noch bereinigt werden.

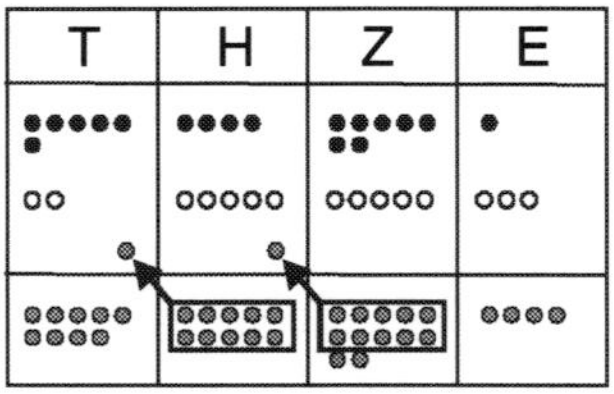

Figur 8.3

Konkret kommt eine Tauschregel zur Anwendung: Für je 10 Plättchen in einer Spalte lege ein Plättchen in die links benachbarte Spalte. Für 10 Plättchen in der Zehner-Spalte wird ein Plättchen in die Hunderter-Spalte gelegt und zwei Plättchen bleiben in der Z-Spalte liegen. Mit diesem neuen Plättchen in der H-Spalte hat man mit den neun schon vorhandenen wieder 10 Plättchen. Hier wird dann erneut die Ersetzungsregel angewandt. Die 10 Plättchen werden aus der H-Spalte entfernt, dafür kommt ein Plättchen in die T-Spalte. Rechnerisch werden dabei $10 \cdot 10^k$ zu $1 \cdot 10^{k+1}$, und übertragen auf die schriftliche Notation mit Ziffern spricht man an dieser Stelle von einem „Übertrag".

Die bekannte Ziffernschreibweise bei der Addition ist nichts anderes, als eine besonders effektive Übersetzung der Handlungen mit den Plättchen auf der Stellenwerttafel in eine Notation nur noch mit Zahlen. Ein Zwischenschritt kann sein, eine Stellenwerttafel mit Ziffern (statt Plättchen) zu verwenden.

	T	H	Z	E
	6	4	7	1
+	2_1	5_1	5	3
	9	0	2	4

	6	4	7	1
+	2_1	5_1	5	3
	9	0	2	4

Figur 8.4

Ist das Ergebnis einer Spaltensumme ≤ 9, schreibt man die entsprechende Ziffer als Ergebnis auf. Ist das Ergebnis einer Spaltensumme ≥ 10, schreibt man die Einerziffer dieser Summe in dieselbe Spalte, die Zehnerzahl in die links benachbarte Spalte als Übertrag zu den Summanden. Die Endform sieht dann etwa so aus wie die rechte Hälfte von Figur 8.4.

Da ein möglicher Übertrag sich nur auf die Spalten links von der momentanen Position auswirkt, macht es Sinn, rechts zu beginnen. Damit stehen die schon errechneten Ziffern der Summe endgültig fest und müssen nicht später wieder korrigiert werden. Obwohl die Reihenfolge der konkreten Handlungen (Zusammenschieben, Ersetzen) in der Stellenwerttafel eigentlich beliebig wäre, beginnt man also aus Gründen der Effektivität bei der schriftlichen Addition in der Einer-Spalte und geht dann jeweils eine Spalte nach links.

2. *Die schriftliche Subtraktion*

Für die Subtraktion gibt es mehrere Handlungsmodelle in der Stellenwerttafel, die zu unterschiedlichen schriftlichen Verfahren führen. In jüngster Zeit ist wieder eine Diskussion darüber entstanden, welche der Methoden für den Unterricht in der Schule wohl die bessere sei bzw. ob es sinnvoll ist, durch die Lehrpläne den Schulen vorzuschreiben, welche der Methoden im Unterricht zu vermitteln ist; siehe den Lesehinweis zu diesem Kapitel. Es geht hier aber nicht um diese Diskussion selbst, sondern - wie gesagt - um eine Darlegung der mathematischen Hintergründe. Im Folgenden werden zwei Grundideen und zwei konkrete Vorgehensweisen – zuerst durch Handlungen in der Stellenwerttafel und parallel dazu bei der schriftlichen Notation – genauer beschrieben. Als Beispielaufgabe betrachten wir die Differenzbildung $857 - 682$.

a) „Entbündeln" und Abziehen

Eine grundlegende Vorstellung für das Subtrahieren ist das Wegnehmen eines entsprechenden Teils von der vorliegenden Gesamtmenge. Dieser Vorgang wird nun spaltenweise durchgeführt:

In der E-Spalte werden 2 der 7 Plättchen entfernt, es bleiben 5 Plättchen. In der H-Spalte können 6 der 8 Plättchen entfernt werden, es bleiben 2. In der Z-Spalte ist diese Operation nicht durchzuführen, da 8 von 5 wegzunehmen wären.

Die bei der Addition vorgestellte Ersetzungsregel wird in diesem Modell für die schriftliche Subtraktion gewissermaßen umgekehrt angewendet: Für ein Plättchen in einer Spalte legt man 10 Plättchen in die rechts benachbarte Spalte. Das Ergebnis der Handlung wird in einer neuen Zeile dargestellt.

Im Beispiel wird also ein Plättchen der H-Spalte durch 10 Plättchen in der Z-Spalte ersetzt, somit liegen dort 15 Plättchen, von denen jetzt 8 subtrahiert werden können.

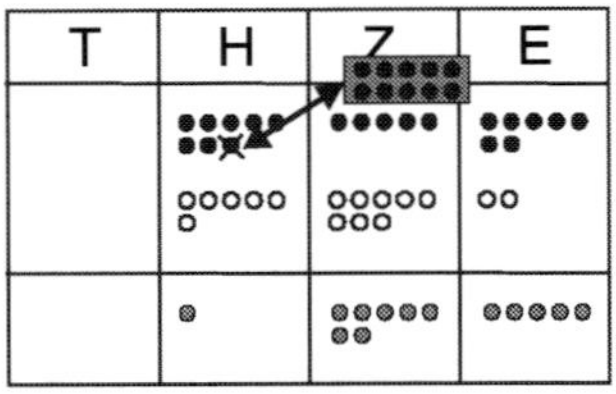

Figur 8.5

Auf diese Weise wird nur der Minuend in jeder einzelnen Spalte so umgeformt, dass man spaltenweise subtrahieren kann. In der schriftlichen Form kann man diesen Prozess so festhalten:

T	H	Z	E
	8^{I}	5^{10}	7
-	6	8	2
	1	7	5

$$\begin{array}{rccc} & 8^{I} & 5 & 7 \\ - & 6 & 8 & 2 \\ \hline & 1 & 7 & 5 \end{array}$$

Figur 8.6

Der Strich an der 8 ist daher als „um eins vermindern" zu lesen, die hochgestellte 10 an der Ziffer 5 als „um 10 erhöhen".

Die Bezeichnung dieser Methode durch das Wort „Entbündeln" kennzeichnet den Vorgang des Ersetzens: Ein Steinchen „höherer Ordnung" (10^{k+1}) wird aufgelöst und als 10-er-Bündel ($10 \cdot 10^k$) in die nächst niedrigere Spalte gelegt.

b) „Ausgleichen" und Abziehen

Eine zweite Methode kann man ebenfalls ganz konkret an der Stellenwerttafel beobachten. In den Spalten, in denen der Ziffer des Minuenden eine höchstens gleich große Ziffer des Subtrahenden entgegensteht, kann die stellenweise Subtraktion ohne Weiteres vorgenommen werden. Ist jedoch die Ziffer des Subtrahenden größer als die entsprechende Ziffer des Minuenden, wird eine gleichsinnige Änderung von Minuend und Subtrahend vorgenommen. Diese Handlung stützt sich auf das handlungsmäßig leicht nachvollziehbare sog. „Gesetz von der Konstanz der Differenz":

$$a - b = (a \pm c) - (b \pm c) \quad \text{für alle } a, b, c \in \mathbf{N}$$

In der Stellenwerttafel sieht das so aus: Bei der schriftlichen Notation werden zum Minuenden in der entsprechenden Spalte 10 addiert, zum Subtrahenden als Ausgleich in der nächst höheren Spalte eine 1.

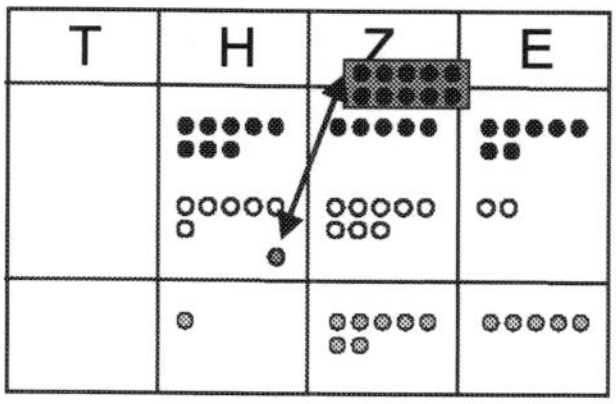

Figur 8.7

Die Darstellung mit Ziffern für dieses Modell kann dann in der Stellenwerttafel bzw. als Endform so aussehen, wobei die durchgeführten Veränderungen mehr oder weniger ausführlich mit notiert werden können:

T	H	Z	E
	8	5^{10}	7
-	6_1	8	2
	1	7	5

$$
\begin{array}{rrrr}
 & 8 & 5 & 7 \\
- & 6_1 & 8 & 2 \\
\hline
 & 1 & 7 & 5
\end{array}
$$

Figur 8.8

Wieder bedeutet die hochgestellte 10 den Vorgang „+10", während die tiefgestellte 1 bei der Ziffer 6 anzeigt, dass dort ebenfalls „um eins erhöht" werden muss.

Aus dem gleichen Grunde wie bei der schriftlichen Addition beginnt man die Bearbeitung rechts mit der Einerspalte und geht dann spaltenweise nach links. Die Beschreibung dieser Methode mit dem Wort „Ausgleichen" deutet auf die bei Bedarf gleichsinnige Veränderung von Minuend und Subtrahend hin.

c) „Ausgleichen"/"Entbündeln" und Ergänzen

Eine zweite grundlegende Vorstellung von der Subtraktion ist das Ergänzen, also das „Hinaufzählen" von der kleineren zur größeren Zahl. Vorstellungsmäßig ist dies etwas anderes als das „Wegnehmen", denn hier geht man auf die Differenz sozusagen von unten aus, beim Wegnehmen von oben herab zu.

Als äußere Erscheinungform des zugehörigen Rechenverfahrens ergibt sich freilich das gleiche Bild wie in Figur 8.8. Allerdings spricht (und denkt) man anders: Statt „nimm 2 von 7 weg, dann bleiben 5" denkt man „von 2 bis 7 ist mit 5 zu ergänzen". Muss man einen Übertrag bilden, hat man beide Möglichkeiten, die des Entbündelns und die des Ausgleichens. Die Notation (+1 statt -1) scheint aber beim Ausgleichen leichter handhabbar zu sein.

Es ist eine Frage, die didaktisch entschieden werden muss, welches der mathematisch äquivalenten Verfahren im Gundschulunterricht angewandt werden soll. Allerdings ist die Frage nicht entlang vorschneller Urteile über „leichter vs. schwerer" zu klären, sondern bedarf einer Analyse der Notwendigkeiten für den weiteren Aufbau mathematischer Kenntnisse. Dies ist der Kern der aktuellen Auseinandersetzung über die geeigneten Verfahren:

Lesehinweise:

Radatz, H. und Schipper, W.: Methodische Öffnung des Mathematikunterrichts. Der Fall der schriftlichen Subtraktion. Die Grundschulkzeitschrift 102 (1997), 52 - 53.

Wittmann, E. Ch.: Zur schriftlichen Subtraktion. Beiträge zum Mathematikunterricht 1997, 553-556

Zur Sache: Freigabe des Verfahrens der schriftlichen Subtraktion. Die Grundschulzeitschrift 119 (1998), 8 - 9.

3. *Die schriftliche Multiplikation*

Während die schriftlichen Rechenverfahren für die Addition und die Subtraktion noch sehr eng an die Handlungen auf der Stellenwerttafel gebunden waren, entfernen sich die Algorithmen für Multiplikation und Division immer mehr von diesen Handlungen. Die konkrete Darstellung auf der Stellenwerttafel wird dabei schon deshalb schwer, weil jetzt oft große Zahlen, d.h. unübersehbar viele Plättchen, in vielen Schritten verarbeitet werden müssen.

Stattdessen kommen bei der Multiplikation - und später bei der Division - die Eigenschaften der natürlichen Zahlen und die Rechengesetze selbst mehr ins Spiel. Bei der Multiplikation läuft alles darauf hinaus, den mehrfachen Gebrauch des Distributivgesetzes (Kap. 5) geschickt und effizient in ein Rechenverfahren umzusetzen. Auch hier diskutieren wir zur Orientierung zunächst wieder ein Beispiel, die Multiplikation $537 \cdot 62$.

Beide Zahlen sind in der Dezimaldarstellung als Summen gegeben, nämlich

$$\begin{aligned} 537 &= 5 \cdot 100 + 3 \cdot 10 + 7 \\ 62 &= \phantom{5 \cdot 100 + {}} 6 \cdot 10 + 2 \end{aligned}$$

Also muss bei der Multiplikation

$$(5 \cdot 100 + 3 \cdot 10 + 7) \cdot (6 \cdot 10 + 2)$$

das Distributivgesetz mehrfach angewendet werden. Es ist üblich, das erste Anwenden des Distributivgesetzes so vorzunehmen:

$$\begin{aligned} & (5 \cdot 100 + 3 \cdot 10 + 7) \cdot 6 \cdot 10 \\ + \quad & (5 \cdot 100 + 3 \cdot 10 + 7) \cdot 2 \end{aligned}$$

Die zweite Anwendung des Distributivgesetzes zeigt dann, dass die Lösung der Aufgabe das Aufsummieren von

$$\begin{aligned} & 5 \cdot 6 \cdot 1000 + 3 \cdot 6 \cdot 100 + 7 \cdot 6 \cdot 10 \\ + \quad & \phantom{5 \cdot 6 \cdot 1000 + {}} 5 \cdot 2 \cdot 100 + 3 \cdot 2 \cdot 10 + 7 \cdot 2 \end{aligned}$$

erfordert. Bringt man diese Produkte an die entsprechenden Stellen einer Stellenwerttabelle ein, dann ergibt sich dieses Schema:

T	H	Z	E	
	5	3	7	
5·6	3·6	7·6		Wirkung · 60
	5·2	3·2	7·2	Wirkung ·2

Figur 8.9

Hierin sind nun die markierten Multiplikationen (aus dem kleine Einmaleins) auszuführen und die entsprechenden spaltenweisen Additionen vorzunehmen.

Die bekannte Methode des schriftlichen Multiplizierens ist also eine geschickte Notation der zweimaligen Anwendung des Distributivgesetzes. Sie ist in dieser Form gut dem Rechnen auf „Kästchen"-Papier angepasst. In Kap. 9 wird ein auf den Gebauch der Napierschen Stäbe zugeschnittenes, strukturell aber äquivalentes Verfahren gezeigt.

4. Die schriftliche Division

Bei diesem Verfahren tritt nun die Verwendung der Stellenwerttafel ganz zurück. Vielmehr wird hier der Gedanke, dass Dividieren dem Beantworten der Frage dient, wie oft eine Zahl (der Divisor b) in einer anderen Zahl (dem Dividenden a) enthalten ist, systematisch so entfaltet, dass der Vorteil der Ziffernschreibweise ausgenutzt wird. Die Grundidee ist schon aus Kap. 6 bekannt: Um a:b anzugeben, muss man a passend auf (wenn es „aufgeht") oder in (wenn ein Rest bleibt) einer Intervalleinteilung der Zahlengeraden in Intervalle [nb ; (n+1)b] mit Vielfachen von b als Grenzen lokalisieren. Das Verfahren besteht nun darin, das richtige n durch immer feinere Einteilungen in 10-er-Schritten zu finden.

Zunächst erfolgt wieder eine Orientierung an einem Beispiel: 12345 : 67

1.Schritt: 12345 liegt unterhalb von 67000, daher kommen 6700 - Intervalle als erste Näherung in Frage.

2.Schritt: Durch Probieren findet man: $1 \cdot 6700 < 12345 < 2 \cdot 6700$. Im Quotienten a:b ist also zumindest 100 als Summand enthalten.

3.Schritt: Das Intervall [6700 ; 13400] enthält also den Dividenden 12345. Um ihn genauer zu lokalisieren, wird dieses Intervall in 10 Teile der Länge 670 aufgeteilt.

4.Schritt: Durch Probieren findet man $6700 + 8 \cdot 670 < 12345 < 6700 + 9 \cdot 670$. Im Quotienten sind also jedenfalls die Summanden 100+80 vorhanden.

5.Schritt: Analog wird eine 10-Teilung des 670-Intervalls vorgenommen und die nächst untere Intervallgrenze gesucht.

6.Schritt: Das Verfahren kann aufgehen oder nicht.

Allgemein ergibt sich aus diesem (geometrisch recht anschaulichen) Verfahren der folgende Algorithmus:

gesucht: a:b . Bestimme zuerst k so, dass $a < b \cdot 10^{k+1}$

$$a = z_1 \cdot b \cdot 10^k + r_1 \qquad \text{mit } 0 < r_1 < b \cdot 10^k$$
$$r_1 = z_2 \cdot b \cdot 10^{k-1} + r_2 \qquad \text{mit } 0 < r_2 < b \cdot 10^{k-1}$$

usw.

Das Verfahren muss nicht abbrechen: Kommt man zu der Stelle, bei der auf der rechten Seite $10^0 = 1$ als Multiplikator der Intervallgrenze auftritt, also zu

$$r_k = z_{k+1} \cdot b + r_{k+1} \qquad \text{mit } 0 < r_{k+1} < b\,,$$

dann muss r_{k+1} nicht unbedingt 0 ergeben. Das Verfahren kann wie begonnen durch immer weitere 10-Teilung der Intervalle fortgesetzt werden. Die nächste Zeile ist daher

$$r_{k+1} = z_{k+2} \cdot b \cdot 1/10 + r_{k+2} \qquad \text{mit } 0 < r_{k+2} < b / 10\,.$$

Dieses Verfahren werden wir - in geringfügig anderer Notation, nämlich unter Vermeidung des Aufttretens von Bruchzahlen, in 8.3. genauer untersuchen. Aus dem Verfahren der schriftlichen Division entsteht also in natürlicher Weise das Verfahren der Entwicklung einer Zahl in einen Dezimalbruch.

Liest man den so angegebenen Algorithmus in einer fortlaufend geschriebenen Gleichung, dann ergibt sich tatsächlich die gewünschte Dezimaldarstellung des Quotienten:

$$a = z_1 \cdot b \cdot 10^k + r_1 = z_1 \cdot b \cdot 10^k + z_2 \cdot b \cdot 10^{k-1} + r_2 = \ldots$$
$$= b \cdot (z_1 \cdot 10^k + z_2 \cdot 10^{k-1} + \ldots) + r\,.$$

(r bezeichnet den eventuell auftretenden Rest, wenn an einer bestimmten Stelle abgebrochen wird).

Das Wesen schriftlicher Verfahren ist es, den verwendeten Algorithmus effektiv zu notieren. Dazu werden bei der schriftlichen Division laufend sofort die Reste durch entsprechende Differenzbildungen ausgerechnet. Ebenso wird aus Gründen des ökonomischen Rechnens immer nur die Zahl von Stellen des Dividenden betrachtet, die ausreicht, ihn in ein 10^k - Intervall einzuordnen.

Diese ökonomische Durchführung zeigen wir wieder beim obigen Beispiel. Die Notation ist dabei bewusst vom üblichen schriftlichen Verfahren abgesetzt, um zum Mitdenken herauszufordern; es kommen aber alle dort erzeugten Zwischenergebnisse vor (Übung!). Mit „...“ deuten wir die Notwendigkeit der Berechnung einer Differenz an.

12345 : 67

12300 = 100·67 +...		12345 - 100·67 = 5645
5640 = 80·67 +...		5645 - 5360 = 285
285 = 4·67 +...		285 - 268 = 17

also ist 12345 : 67 = 184 + 17/67.

8.3 Dezimalbrüche

Die Darstellung von Zahlen im Dezimalsystem gilt bekanntlich nicht nur für ganze Zahlen, sondern für jede reelle Zahl. Es ist hier sogar leichter, die beiden eingangs dieses Kapitels genannten Schwierigkeiten zu bewältigen; denn bei Zahlen wie z. B. π oder $\sqrt{2}$ hat man tatsächlich einen „Namen“ für die Zahl zur Verfügung, der nicht schon selbst von der Darstellung im Zehnersystem Gebrauch macht.

Alle reellen Zahlen lassen sich zunächst zerlegen in

ganzzahliger Bestandteil + reelle Zahl zwischen 0 und 1.

Für den ersten Teil dieser Zerlegung ist bereits die Darstellung im Dezimalsystem hergeleitet worden. Es genügt also, nun eine reelle Zahl α mit $0 < \alpha < 1$ zu betrachten. Die Frage lautet dann wieder wie in 8.1.:

Wie kann man durch ein systematisches Rechenverfahren die Dezimalbruchentwicklung von α herstellen, d.h. also in geläufiger Sprechweise, die „Stellen nach dem Komma“ der Reihe nach bestimmen?

Ein Orientierungsbeispiel zeigt die Grundidee des Verfahrens: Die erste Nachkommastelle von 0,12345 erhält man als die Ziffer vor dem Komma von 10·0,12345 = 1,2345. Die folgende Ziffer 2 ergibt sich wiederum nach der gleichen Methode, wobei man nun allerdings vom Dezimalbruch 0,2345 ausgeht; usw..

Tatsächlich ist diese Grundidee nichts anderes als die bei der schriftlichen Division schon erkannte Lokalisierung von α in immer feineren, durch Zehntelung gewonnenen Teilintervallen des Intervalls [0 ; 1]. Die - aufwändigere - Notation von Brüchen $1/10^k$ wird vermieden durch ein Umdrehen der Sichtweise: Statt immer feinere Einteilungen durch Zehnteln vorzunehmen, strecken wir die Intervalle und mit ihnen auch α immer wieder um den Faktor 10 und lokalisieren das (gestreckte) α im Intervall [0 ; 10].

Damit lässt sich das Verfahren systematisch so beschreiben:

gegeben $0 < D < 1$:

$10D$	$= y_1 + D_1$	mit ganzer Zahl y_1 :	$0 \, d \, y_1 \, d \, 9$
		mit reeller Zahl D_1 :	$0 \, d \, D_1 < 1$
$10D_1$	$= y_2 + D_2$	mit ganzer Zahl y_2 :	$0 \, d \, y_2 \, d \, 9$
		mit reeller Zahl D_2 :	$0 \, d \, D_2 < 1$
.			
$10D_{k-1}$	$= y_k + D_k$	mit ganzer Zahl y_k :	$0 \, d \, y_k \, d \, 9$
		mit reeller Zahl D_k :	$0 \, d \, D_k < 1$

y_1, y_2, ... sind in dieser Reihenfolge die Ziffern nach dem Komma, denn der Algorithmus läuft fortlaufend gelesen auf

$$D = y_1 \, 10^{-1} + D_1 \, 10^{-1} = y_1 \, 10^{-1} + y_2 \, 10^{-2} + D_2 \, 10^{-2}$$

$$= y_1 \, 10^{-1} + y_2 \, 10^{-2} + \ldots + y_k \, 10^{-k} + D_k \, 10^{-k}$$

hinaus. Aber nun muss der Algorithmus nicht mehr in jedem Falle abbrechen. Die D_i sind ja reelle Zahlen, und diese können im Intervall [0 ; 1] beliebig oft auftreten. I.a. wird sich also eine Entwicklung mit unendlich vielen Stellen nach dem Komma ergeben. Beispiele folgen gleich.

Ist allerdings die als Dezimalbruch darzustellende Zahl eine rationale Zahl, also $D = m/n$ (m und n natürliche Zahlen, $0 < m < n$), dann schreibt sich der obige Algorithmus folgendermaßen (- und dies ist der schon in 8.2 bespochene, nur geringfügig anders notierte Algorithmus der schriftlichen Division):

$$10 \cdot m/n = y_1 + D_1 \quad \text{mit } 0 \, d \, y_1 \, d \, 9 \text{ ganz, und } 0 \, d \, D_1 < 1 \, ..$$

D_1 ist eine rationale Zahl mit Nenner n. Nach Multiplizieren mit dem Nenner n ergibt sich daher

$$10 \, m = y_1 \, n + D_1 \, n = y_1 \, n + m_1$$

Dabei ist $m_1 = D_1 \, n = 10 \, m - y_1 \, n$ eine ganze Zahl mit der aus dem Algorithmus kommenden Einschränkung $0 \, d \, m_1 < n$. Dies überträgt sich auch auf die folgenden Zeilen des Algorithmus:

$$10 \, m = y_1 \, n + m_1 \quad \text{mit ganzer Zahl } m_1 \, ; \, 0 \, d \, m_1 < n$$

$10\ m_1 = y_2\ n + m_2$ mit ganzer Zahl m_2 , $0\ d\ m_2 < n$

... usw.

Da es aber nur endlich viele ganze Zahlen m_i zwischen 0 und n gibt, muss sich irgendwann einmal (spätestens nach n Schritten) ein Zähler m_k ergeben, der schon vorher einmal vorgekommen ist. Ab dieser Stelle wiederholt sich der entsprechende Abschnitt des Algorithmus. Das kann entweder in Form eines Abbrechens des Verfahrens geschehen, wenn nämlich $m_k = 0$ wird; dann sind alle folgenden Dezimalbruchziffern 0. Oder es entsteht wirklich stete Wiederholung einer einmal aufgetretenen Zifferngruppe, d.h. ein sog. periodischer Dezimalbruch. Damit ist also gezeigt:

Satz über die Dezimalbruchentwicklung:

Jede reelle Zahl D mit $0 < D < 1$ lässt eine Darstellung als „Dezimalbruch“ zu:

$$D = y_1\ 10^{-1} + y_2\ 10^{-2} + \dots .$$

mit Ziffern y_i, die $0\ d\ y_i\ d\ 9$ für $i = 1,2,3,\dots$ erfüllen.

Diese Dezimalbruchentwicklung kann unendlich lang sein. Falls D eine rationale Zahl ist, wird die Dezimalbruchentwicklung periodisch, in speziellen Fällen sogar endlich, d.h. nach endlich vielen Schritten treten nur noch die Ziffern 0 auf.

Es bedarf wieder kaum der Erwähnung, dass eine derartige Entwicklung statt mit der Grundzahl 10 auch für beliebige Stellenwertsysteme gültig ist.

Beispiele:

a) $D = 1/8$

Für die Dezimalbruchentwicklung nach dem oben hergeleiteten Algorithmus benötigt man - vgl. „algebraisches Prinzip“ - nur, dass man unter 1/8 diejenige Zahl versteht, die mit 8 multipliziert 1 ergibt. Dann lässt sich, ohne auf (an sich geläufige) Verfahren des Bruchrechnens zurückgreifen, der obige Algorithmus so durchführen:

$10\cdot 1/8 = 8\cdot 1/8 + 2\cdot 1/8 = \underline{1} + 2\cdot 1/8$

$10\cdot 2\cdot 1/8 = 8\cdot 2\cdot 1/8 + 2\cdot 2\cdot 1/8 = \underline{2} + 4\cdot 1/8$

$10\cdot 4\cdot 1/8 = 5\cdot 8\cdot 1/8 = \underline{5} + 0$

Wenn man direkt Regeln des Bruchrechnens einbezieht und z. B. kürzt, wenn es möglich ist, wird der Algorithmus natürlich einfacher. Es kam aber hier nochmals darauf an, die Stärke des „algebraischen Prinzips“ zu demonstrieren. In der Entwicklung ergeben sich ab der folgenden Zeile nur noch Ziffern 0, so dass die Dezimalbruchentwicklung mit $1/8 = 1 \cdot 1/10 + 2 \cdot 1/100 + 5 \cdot 1/1000 = 0{,}125$ vollständig wiedergegeben ist.

b) Periodische Entwicklung von $D = 1/7$

Diese Dezimalbruchwentwicklung die jetzt mittels üblicher Bruchrechenregeln erzeugt:

$10 \cdot 1/7 = 1 + 3/7$
$10 \cdot 3/7 = 4 + 2/7$
$10 \cdot 2/7 = 2 + 6/7$
$10 \cdot 6/7 = 8 + 4/7$
$10 \cdot 4/7 = 5 + 5/7$
$10 \cdot 5/7 = 7 + 1/7$
$10 \cdot 1/7 =$ siehe oben, ab hier tritt also die periodische Wiederholung auf. Damit hat man als Dezimalbruch

$$1/7 = 0{,}142857\ 142857\ 142857 \ldots .$$

c) Der angegebene Algorithmus ist auch für *andere Grundzahlen* als 10 anwendbar. Z.B. lassen sich nun auf systematische Weise die Einträge in die von den Babyloniern benutzte Reziprokentafel (vgl. Kap. 3.1) herstellen. Als Beispiel diene die Entwicklung von 1/27 im babylonischen 60-er-System:

$60 \cdot 1/27 = 2 + 6/27 = \underline{2} + 2/9$
$60 \cdot 2/9 = 13 + 3/9 = \underline{13} + 1/3$
$60 \cdot 1/3 = \underline{20} + 0$

Damit ist 1/27 = 0, 2‘13‘20 in der in 3.2 verwendeten Schreibweise nachgewiesen.

d) Schließlich werde als Beispiel noch eine *irrationale Zahl* untersucht. Es ist darauf hinzuweisen, dass der jetzt durchgeführte Algorithmus <u>nicht</u> die oft in der Schule bei der Einführung reeller Zahlen verwendete Intervallschachtelung ist. Vielmehr wird jetzt auf die Ziffern der Dezimalbruchentwicklung direkt und einzeln zugegriffen.

Ausgangszahl sei $\sqrt{2}$. Man kann sich nun wieder ganz an das algebraische Prinzip halten: $\sqrt{2}$ ist die positive Zahl, deren Quadrat 2 ergibt; zugehörige Gleichung ist also $x^2 = 2$. Dann liegt wegen $1^2 = 1$, $2^2 = 4$ die Zahl $\sqrt{2}$ zwischen 1 und 2, hat demnach eine 1 vor dem Komma. Der Dezimalbruchalgorithmus beginnt also mit $D = \sqrt{2} - 1$. Im ersten Schritt ist der ganzzahlige Bestandteil von

$$10\,(\sqrt{2} - 1) = 10\,\sqrt{2} - 10$$

gesucht. Von $10\sqrt{2}$ ist dieser leicht zu bestimmen:

Man suche eine ganze Zahl Z mit $Z < 10\cdot\sqrt{2} < Z+1$. Quadrieren bringt die algebraische Eigenschaft von $\sqrt{2}$ ins Spiel: $Z^2 < 100\ 2 < (Z+1)^2$. Also ist das Problem, herauszufinden, zwischen welchen Quadratzahlen 200 liegt. Lösung ist 14^2 (=196) < 200 < 15^2 (=225). Somit lautet die erste Zeile im Dezimalbruchalgorithmus so:

(1) $10(\sqrt{2} - 1) = 14 + D_1 - 10 = \underline{4} + D_1$
Erste Stelle nach dem Komma ist also 4.

Offenbar ist D_1 die zwischen 0 und 1 gelegene Zahl $10\sqrt{2} - 14$. Nun ist also im zweiten Schritt

$$10(10\sqrt{2} - 14) = 100\sqrt{2} - 140$$

in ganze Zahl und reellen Rest aufzuspalten. Wieder sucht man zunächst eine ganze Zahl Z mit $Z < 100\sqrt{2} < Z+1$, und findet z = 141 (denn $141^2 < 20000 < 142^2$). Damit kommt als zweite Zeile im Dezimalbruchalgorithmus:

(2) $10(10\sqrt{2} - 14) = 141 + D_2 - 140 = \underline{1} + D_2$
Also ist eine 1 an zweiter Stelle hinter dem Komma.

Gleiche Überlegung für D_2 ergibt,

(3) $10(100\sqrt{2} - 141) = 1000\sqrt{2} - 1410$
$= 1414 + D_3 - 1410 = \underline{4} + D_3$.

Bisher sind somit die ersten drei Stellen hinter dem Komma gültig berechnet:

$$\sqrt{2} = 1{,}414...$$

Die iterative Struktur der Dezimalbruchentwicklung, also das Durchführen des jeweils gleichen Rechenschritts mit den im vorherigen Schritt gewonnenen Ergebnissen, wird am Deutlichsten in einer zeichnerischen Darstellung des Algorithmus. Dazu lösen wir den Rechengang bei der Zerlegung

$$10D = y + D',$$

wie sie in jedem Schritt des Algorithmus vorgenommen wird, auf in einen Weg in einem Funktionsschaubild. (Da die Zahl 10 relativ groß ist, sind die Maßstäbe auf den Achsen unterbrochen und „gestaucht“):

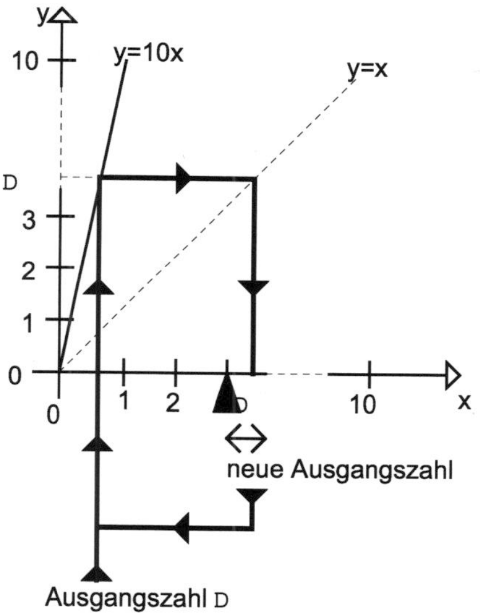

Figur 8.10

Den errechneten Wert 10D findet man auf der x-Achse wieder (Spiegelung an der Winkelhalbierenden). Die unterhalb von 10D liegende, mit einem Dreieck markierte ganze Zahl ist die abzulesende und vom Algorithmus auszugebende Ziffer. Die Differenz von 10D zu dieser nächstkleineren ganzen Zahl ist die neue Ausgangszahl für den nächsten Schritt des Algorithmus. Der Algorithmus besteht also im beständigen Durchlaufen des mit Pfeilen markierten rechteckigen Wegs - ein typisch iterativer Prozess.

Lesehinweis:

Den Analogien zwischen Stellenwertdarstellung und weiteren Ziffermdarstellungen von Zahlen, z.B. der Kettenbruchentwicklung, wird in

Neubrand, M.: Kettenbrüche: Beste Näherungen, transzendente Zahlen. Der Mathematikunterricht 30(5), 30 - 47 (1984)

weiter nachgegangen. Dort finden sich auch einige Programme für programmierbare Taschenrechner, die den oben angegebenen Algorithmen folgen.

8.4 Teilbarkeitsregeln im Dezimalsystem

Die Auswirkungen von konkreten Operationen in der Stellentafel führen zu einigen Teilbarkeitsregeln, die nun hergeleitet werden. Durch die jeweilige Zurückführung auf das Legen, Verschieben, Austauschen, ... von Steinchen in der Stellenwerttafel ergibt sich dabei ein einheitlicher Gesichtspunkt, unter dem die ansonsten durchaus verschiedenartigen Teilbarkeitsregeln erscheinen.

1. Orientierungsbeispiel: Teilbarkeit durch 2

Es ist wohlbekannt, dass man die geraden Zahlen an der Einerziffer erkennt. In der Tat, $a = z_k 10^k + ... + z_1 10^1 + z_0$ ist genau dann gerade, wenn es z_0 ist, weil der übrige Anteil $z_k 10^k + ... + z_1 10^1$ stets gerade ist. Die Geradheit einer großen Zahl (nämlich a) wird also durch die Geradheit einer kleineren Zahl, nämlich z_0, geprüft.

Anders ausgedrückt, die Zahl a wurde unter Beibehaltung ihrer Teilbarkeitseigenschaften in die kleinere Zahl z_0 übergeführt. Dies geschah so, wie das im Kapitel über Teilbarkeit schon oft ausgenützt wurde: es wurden Vielfache von 2, also der Zahl, auf die hin die Teilbarkeit geprüft werden soll, abgezogen.

Auf dem Stellenwertbrett zeigt sich dieses Verfahren durch Wegnehmen aller nicht in der Einerspalte liegenden Steinchen. Alle diese stehen nämlich für gerade Zahlen.

2. Teilbarkeit durch 4, 5, 8, 10, 25 u.ä.

In der Stellenwerttafel stehen alle Steinchen in den Spalten

$10^2, 10^3, 10^4$ ...	für durch 4 teilbare Zahlen,
$10, 10^2, 10^3$ ...	für durch 5 teilbare Zahlen,
$10, 10^2, 10^3$ ...	für durch 10 teilbare Zahlen,
$10^3, 10^4$, ...	für durch 8 teilbare Zahlen,
$10^2, 10^3$, ...	für durch 25 teilbare Zahlen,

und analog weiter.

Ohne die Teilbarkeit durch die jeweiligen Zahlen zu beeinflussen, genauer, sogar ohne den bei Division verbleibenden Rest zu ändern, können die Steinchen in den jeweiligen Spalten also weggelassen werden, wenn man die Reste bei Divisionen durch 4, 5, 8, u.ä. Zahlen untersuchen will. Damit ergeben sich die Regeln:

Teilbarkeit durch 4: a ist durch 4 teilbar, wenn es die aus den letzten beiden Ziffern gebildete Zahl ist; genauer, a und diese Zahl lassen den gleichen Rest bei Division durch 4. Die Regel kann sinngemäß noch weitergeführt werden: Je 2 Zehnersteine können ebenfalls weggenommen werden (-20), da 20 ja auch durch 4 teilbar ist. Je vier Einersteine sind ebenfalls belanglos (-4). Es bleibt also allenfalls eine der Zahlen 0, 1, 2, 3, 10, 11, 12, 13 stehen.

Teilbarkeit durch 5,10: a hat gleichen 5-er-Rest wie die Einerziffer; durch 5 teilbar ist a also genau für die Endziffern 0 und 5. Teilbarkeit durch 10 besteht nur bei Endziffer 0.

Teilbarkeit durch 8: a hat gleichen 8-er-Rest wie die aus den letzten 3 Ziffern gebildete Zahl. Wieder: je 2 Hunderter (-200) bzw. je 4 Zehner (-40) können außerdem noch weggelassen werden.

Teilbarkeit durch 25: a hat gleichen 25-er-Rest wie die Zahl aus den letzten 2 Ziffern. Also Teilbarkeit durch 25 bei Endziffern 00, 25, 50, 75.

Ähnliche Regeln kann man sich für 50, 125, 250, ... u.ä. leicht aus der Stellentafel herleiten.

3. Teilbarkeit durch 9

Bisher bestand die Strategie darin, die Zahl a durch Wegnehmen von Steinchen zu verkleinern. Kleiner wird a auch, wenn in der Stellenwerttafel die Steinchen „nach rechts wandern", also zu kleineren Stellenwerten verschoben werden.

Wird ein Steinchen von der 10^k-Spalte in die 10^{k-1}-Spalte verschoben, dann bedeutet das eine Veränderung um

$$-10^k + 10^{k-1} = -10^{k-1}(10-1) = -10^{k-1}\,9,$$

also eine Verminderung um ein Vielfaches von 9. a hat demnach gleichen 9-er-Rest wie jene Zahl, die durch Verschiebung von einem Steinchen nach rechts entsteht. Da man diese Handlung aber mehrfach durchführen kann, landen schließlich alle Steinchen in der Einer-Spalte.

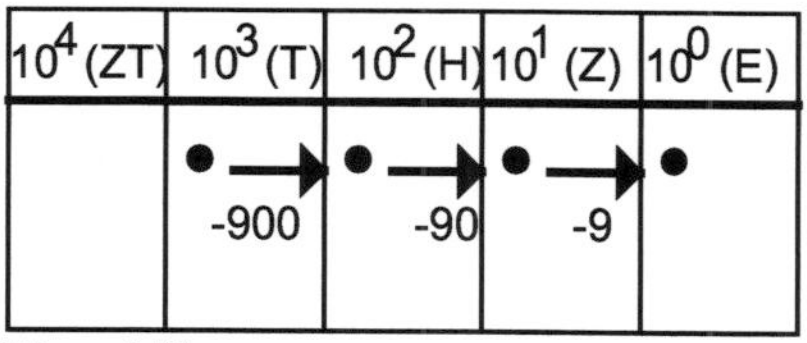

Figur 8.11

Jede Verschiebung in Figur 8.11 längs des Pfeils bedeutet eine Verminderung um ein Vielfaches von 9. Die Zahl, die aus so vielen Einern besteht, wie insgesamt Steinchen vorhanden sind, hat also den gleichen

Nennerrest wie die Zahl selbst. Das ist gerade die Quersummenregel, denn jeder Stein zählt jetzt nur noch 1, unabhängig von dem Stellenwert, für den er ursprünglich stand. Unter Quersumme einer Zahl $a = z_k 10^k + ... + z_0$ versteht man also die Summe der Ziffern $z_n + z_{n-1} + ... + z_0$. Damit hat man das Ergebnis:

> Teilbarkeit durch 9: Eine Zahl hat den gleichen 9-er-Rest wie die Quersumme ihrer Dezimaldarstellung.

Die gleiche Aussage gilt offenbar auch für den 3-er-Rest, denn Vielfache von 9 sind auch Vielfache von 3.

4. Teilbarkeit durch 11

Schiebt man ein Steinchen in der Stellenwerttafel um 2 Felder nach rechts, dann bedeutet dies eine Veränderung des Zahlenwerts um

$$10^k + 10^{k-2} = \quad 10^{k-2}(100-1) = \quad 99\ 10^{k-2} = \quad 9\ 11\ 10^{k-2}.$$

Hier werden also stets Vielfache von 11 abgezogen. Auch dies kann wiederholt durchgeführt werden, so dass sich die Steinchen schließlich alle in der Zehner- und der Einerspalte versammeln.

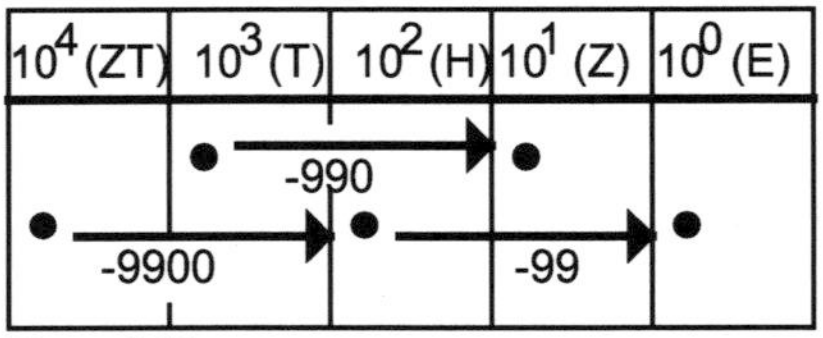

Figur 8.12

Und zwar sammeln sich die Steine aus den Spalten für 10^2, 10^4, 10^6,... in der Einerspalte, die Steine mit den Stellenwerten 10^3, 10^5,... in der Zehnerspalte. Nun können noch gleichzeitig je gleich viele Steine aus der Einer- und der Zehnerspalte entfernt werden (d.h. -11, -22, -33,..., -99), so dass eine relativ kleine Zahl mit gleichem 11-er-Rest übrigbleibt.

Lässt sich dieses handelnde Vorgehen auch in eine einfache arithmetische Rechenanweisung umsetzen? Es sind hierbei einige Varianten möglich:

1. Unmittelbar abzulesen wäre diese arithmetische Operation:

In der Einerspalte liegen $z_0 + z_2 + z_4 + ...$ Steine, in der Zehnerspalte $z_1 + z_3 + z_5 + ...$ Steine. Also ergibt sich: $a = z_k 10^k + ... + z_0$ hat den gleichen 11-er-Rest wie $(z_1+z_3+ ...)\ 10 + (z_0+z_2+...)$.

Die Testzahl für Teilbarkeit durch 11 ist die Zahl
$(z_1+z_3+ \dots)\ 10 + (z_0+z_2+\dots)$.,
die aus *zwei Teilquersummen* zusammengesetzt ist.

2. Das oben schon erwähnte gleichzeitige Wegnehmen von Steinen aus Zehner und Einerspalte kann arithmetisch auch so beschrieben werden: Die Zahl der 10-er-Steine kann von den Einer-Steinen subtrahiert werden. D. h. aber

$a = z_k 10^k + \dots + z_0$ hat gleichen 11-er-Rest wie die Zahl
$z_0 - z_1 + z_2 - z_3 + \dots$, die sog. *alternierende Quersumme*

In dieser Form geschrieben lässt sich möglicherweise die Handlung selbst nicht durchführen, weil u.U. die alternierende Quersumme negativ wird. Handelnd vorgehend würde man in diesem Falle lieber die $-z_0 + z_1 - z_2 + z_3 - \dots$ Steine in der 10-er-Spalte sammeln. Dann ergibt sich aber:

Als Testzahl für den 11-er-Rest einer Zahl ist auch die Zahl
$10\ (-z_0 + z_1 - z_2 + z_3 - \dots)$ brauchbar.

3. Schließlich kann man sich das Weiterschieben der Steine um 2 Spalten nach rechts auch so vorstellen, dass es jeweils geschlossen für einen Block aus zwei benachbarten Stellenwerten durchgeführt wird.

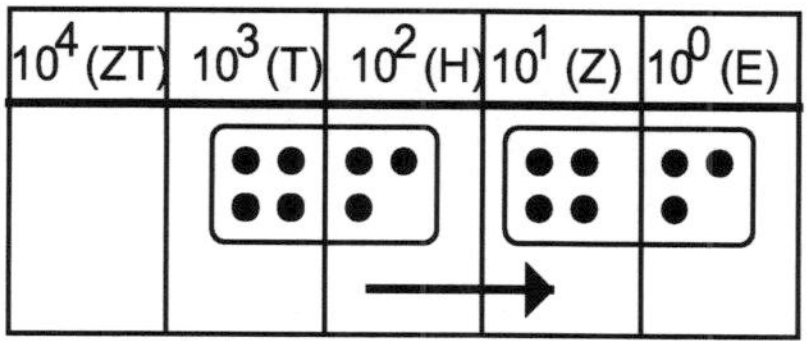

Figur 8.13

Dann sammelt sich rechts die Summe von je aus zwei benachbarten Ziffern gebildeten zweistelligen Zahlen. Dies ergibt

$a = z_k 10^k + \dots + z_3 10^3 + z_2 10^2 + z_1 10 + z_0$ hat den gleichen 11-er-Rest wie $(z_o+10\cdot z_1) + (z_2+10 z_3) + \dots$

Diese Operation kann man als die Bildung der *Paarquersumme* bezeichnen. Es läuft natürlich auf die gleiche Testzahl wie in 1. hinaus; die dahinterstehende Handlung und auch die konkrete Rechnung sehen freilich etwas anders aus.

5. Weitere Teilbarkeitsregeln

lassen sich nach diesem Schema leicht herleiten. An der Stellenwerttafel sind dabei vielfältige Möglichkeiten und flexible, auf den Einzelfall zugeschnittene Handhabung denkbar. Die Effektivität des Verfahrens zeigt sich allerdings eher bei der konkreten Durchführung an einem Stellenwertbrett als an den hier als Ersatz zu machenden Zeichnungen (Übungen!). Wir führen noch ein Beispiel durch:

Es soll der 13-er-Rest und der Quotient bei Division durch 13 der Zahl 5328 ermittelt werden. Vielfache von 13 können also in der Stellenwerttafel weggenommen werden (Einrahmung und „Wegnahme"-Pfeil); bei Bedarf wird entbündelt (gestrichelte Linien).

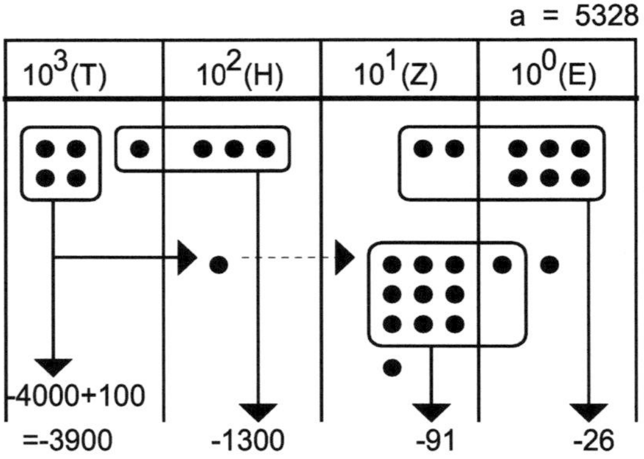

Figur 8.14

Es ergibt sich also diese Rechnung:

$$\begin{aligned} 5328 &= 3900 + 1300 + 91 + 26 + 11 = \\ &= 13\,(300 + 100 + 7 + 2) + 11 \\ &= 13\,409 + 11 \end{aligned}$$

so dass Quotient und Rest einfach und schnell bestimmbar waren.

Lesehinweis:

Weiteres zum Thema Teilbarkeitsregeln findet man bei

Winter, H.: Prämathematische Beweise der Teilbarkeitsregeln. matematica didactica 6, (1983), 177 - 187.

Es muss nicht eigens betont werden, dass gerade der handelnde Zugang zu den Teilbarkeitsregeln für (Grund-)Schüler von enormer Bedeutung ist. Daher soll hier nochmals ausdrücklich auf das Zusammenspiel von Handlungen und arithmetischen Operationen bei diesem Thema hingewiesen werden.

Aufgaben zu Kapitel 8

1) Übersetzen Sie die Zahldarstellungen 100_{10}, 583_{10} bzw. 8915_{10} aus dem Zehnersystem in entsprechende Darstellungen in den Stellenwertsystemen zur Basis 2, 5 bzw. 12.

2) Wie stellt man Größenvergleiche zwischen Zahlen an? Kann man auch solche Vergleiche anstellen, wenn die Zahlen in unterschiedlichen Systemen dargestellt sind?

   Kleiner, gleich oder größer?

   2467_8 ? 3241_8 $\quad$ 31234_5 ? 4442_5

   2467_8 ? 2467_{10} $\quad$ 2000_{10} ? 899_{12}

3) Untersuchen Sie Aussagen darauf, ob sie Eigenschaften der Zahl oder des "Zahlworts", d.h. der Folge der Ziffern in einem Stellenwertsystem sind.

   a) x ist fünfstellig.
   b) x ist gerade.
   c) x ist genau dann gerade, wenn ihre letzte Ziffer gerade ist.
   d) x hat die Quersumme 5.
   e) 121 ist immer eine Quadratzahl.
   f) x ist ein Vielfaches von 3.

4) Hände hoch!

   Die Kinder stellen sich in einer Reihe nebeneinander auf. Durch Heben des linken Armes werden Zahlzeichen dargestellt. Es gibt nur die beiden Armstellungen "Arm oben" bzw. "Arm unten". Zu Beginn haben alle Kinder die Arme unten.

   Ein Spielleiter zählt der Reihe nach "eins, zwei, drei,...". Bei jedem Zahlwort verändert das in der Reihe ganz links stehende Kind seine Armstellung. Jedes andere Kind schaut auf seinen linken Nachbarn. Wenn dieser den Arm senkt, verändert es selbst seine Armstellung.

   a) Die Armstellungen werden symbolisch festgehalten:

   "Arm unten" = 0 $\quad$ "Arm oben" = 1

   Was für Zahlworte entstehen? Zu welchen System gehören sie?

b) Bei was für Zahlen hat das erste Kind seinen Arm oben (unten)? Wie viele Kinder braucht man mindestens um bis 20 (40) zu zählen?

c) Die Armstellungen, die zur Vierer- (Achter-) Reihe gehören, werden notiert. Was fällt auf?

5) Gibt es mehr vierstellige Zahlen im 3er-System oder mehr dreistellige Zahlen im 4er-System?

6) Stellenwerttafeln

a) Eine Zahl ist in einer Stellenwerttafel durch Plättchen dargestellt:

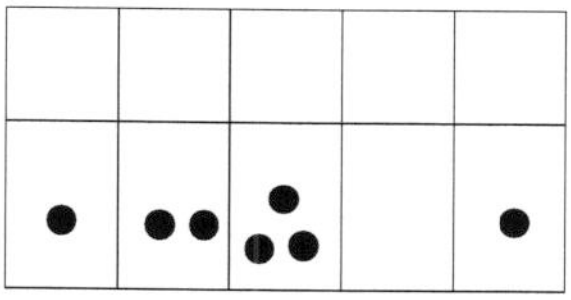

Welche Zahl kann es sein?

b) Die Zahl 51_{10} ist durch Plättchen so dargestellt:

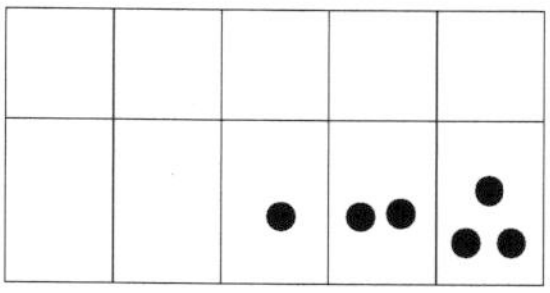

Nach welcher Basis ist gebündelt worden?

7) Entwickeln Sie einen möglichst einfachen Übersetzungsalgorithmus für folgende Systeme und Zahlen:

2er-	4er-	8er-System
10110111		
	12321	
		7621

8) Eine Zahl ist durch Plättchen in einer Stellenwerttafel gelegt. Was bedeuten folgende Manipulationen mit den Plättchen für die Zahl:

a) Das Verschieben aller Plättchen um eine Spalte nach links bzw. rechts.

b) Zu jedem Plättchen ein weiteres in derselben Spalte hinzulegen.

c) Zu jedem Plättchen ein weiteres in der jeweiligen linken Spalte dazulegen.

9) Eine Zahl ist durch Plättchen in einer Stellenwerttafel zur Basis 8 gelegt. Ist die Anzahl aller Plättchen durch 7 teilbar, dann ist auch die Zahl durch 7 teilbar.

10) Eine Zahl $a = z_k \cdot 10^k + ... + z_1 \cdot 10 + z_0$ hat den gleichen 6er-Rest wie die Zahl $4Q - 3z_0$ (Q sei die Quersumme von a).

11) Die Aufgaben $7631_g + 7754_g$ bzw. $7123_g - 5437_g$ sollen in verschiedenen Stellenwertsystemen schriftlich gelöst werden. Die Basis g soll dabei die Werte 8, 10 bzw. 12 annehmen. Diskutieren Sie ebenfalls entsprechende Veranschaulichungen an der Stellenwerttafel.

12) Lösen Sie schriftlich nach den vorgestellten Methoden je eine Multiplikations- und eine Divisionsaufgabe im Stellenwertsystem zur Basis 5: $4231_5 \quad 1243_5$ bzw. $443221_5 : 24_5$

13) Berechnen Sie für die Brüche

$$\frac{13}{25}, \frac{11}{125}, \frac{7}{13}, \frac{59}{140}$$

die zugehörigen Dezimalbrüche. Was für Entwicklungen bekommt man?

14) Verwandeln Sie die folgenden Dezimalbrüche in gekürzte Brüche:

$0{,}1995$; $0{,}\overline{1}$; $0{,}\overline{9}$; $0{,}\overline{25}$; $0{,}5\overline{25}$.

Kommentar

zu Aufg. 1

Mit dem Satz über die Darstellung von natürlichen Zahlen in Stellenwertsystemen hat man prinzipiell die Möglichkeit, gegebene Zahlen in andere Stellenwertsysteme umzurechnen.

Der in der Vorlesung angebotene Algorithmus würde in einem Beispiel so aussehen:

100 =	50 ·2	+	0
50 =	25 ·2	+	0
25 =	12 ·2	+	1
12 =	6 ·2	+	0
6 =	3 ·2	+	0
3 =	1 ·2	+	1
1 =	0 ·2	+	1

Damit ergibt sich $100_{10} = 1100100_2$, eine Darstellung im 2er-System. Durch die Reihe der fortgesetzten Divisionen wird das Zahlwort von der Einerstelle zu den höheren Stellen hin (von rechts nach links) aufgebaut. In Handlungen übersetzt kommt dieser Aufbau einem sukzessiven Bündeln zur entsprechenden Basis gleich. Für 100 bildet man 50 Zweierbündel (Rest 0 bedeutet letzte Ziffer ist 0), aus 50 Zweierbündeln werden 25 Viererbündel (Rest 0 bedeutet vorletzte Ziffer ist 0), aus 25 Viererbündeln werden 12 Achterbündel (Rest 1 bedeutet drittletzte Ziffer ist 1), usw.

Dem umgekehrten Aufbau bei einem Zahlwort, von der höchsten Stelle bis zur Einerstelle, bekommt man, wenn man bei einer Zahl ein Vielfaches der höchsten Potenz der Basis abspaltet, das noch ganz hineinpasst und mit dem verbleibenden Teil ähnlich verfährt. Wie beim Wiegen eines Objekts nimmt man zunächst die größten Gewichtssteine, danach die kleineren bis das Gleichgewicht sich einstellt. Das Objekt ist hier die Zahl, die Gewichtssteine die Potenzen der Basis.

Im Beispiel wird 583 ins 5er-System übersetzt:

625	125	25	5	1
	4	3	1	3

583 $= 125 \cdot \underline{4} + 83$

83 $= 25 \cdot \underline{3} + 8$

usw. $583_{10} = 4313_5$

Bei einer Basis g > 10 kommt man mit den Ziffern 0, 1, 2,..., 9 als Alphabet nicht aus, sondern muss zusätzliche Zeichen definieren: z.B. a = 10, b = 11 für die Basis 12.

Damit wird 8915_{10} zu 51ab im Stellenwertsystem zur Basis 12.

zu Aufg. 2

Die Kleiner- bzw. Größerrelation zwischen zwei Zahlen a,b kann man folgendermaßen erklären:

$a < b$ <=> Es gibt eine positive Zahl x mit $a + x = b$.

Da man eine Zahl

$b = (b_k b_{k-1} \dots b_1 b_0)_g$ additiv als $b = b_k \cdot g^k + b_{k-1} \cdot g^{k-1} + \dots + b_1 \cdot g + b_0$

schreiben kann, wird unmittelbar deutlich, dass zunächst die Zahlwortlängen verglichen werden. Bei Zahlen mit derselben Stellenzahl entscheidet sich ihr Größenvergleich an der höchsten Stelle, an der sie sich unterscheiden. Klar ist, dass die Stellenzahl mit wachsender Basis abnimmt (zumindest nicht zunimmt). Ansonsten gibt es i.a. nur triviale Aussagen beim Vergleich von Zahlen, die in verschiedenen Stellenwertsystemen dargestellt sind. Oft bleibt nur die eine Möglichkeit, die zu vergleichenden Zahlen beide in dasselbe System zu übersetzen.

zu Aufg. 3

Die Unterscheidung zwischen Zahl und Zahlwort, also ihrer Darstellung in einem Stellenwertsystem, ist sehr wichtig. Bei vielen Gelegenheiten werden aus Eigenschaften, die die Ziffern des Zahlworts besitzen, solche der Zahl und umgekehrt.

Z.B. kann eine Eigenschaft der Quersumme (Teilaufgabe d) zu einer Teilbarkeitsaussage der Zahl und umgekehrt werden, andererseits ist die Aussage c) i.a. nur für gerade Basen richtig.

zu Aufg. 4

Der Reiz der Aufgabe besteht darin, dass man die in der Aufgabe vorgestellte Situation mit mehreren Personen ganz konkret einmal nachvollzieht und sich dabei präzise an den Text hält. Es ist eine schöne Art das Stellenwertsystem zur Basis 2, auch im Unterricht spielerisch einzubringen. Die Skizze soll verdeutlichen, was in der Reihe mit rechts und links gemeint ist.

zu Aufg. 5

Mit dieser Aufgabe wird noch einmal an das strukturierte Zählen aus Kap.2 angeknüpft.

Entweder geht man über das Wegemodell:

Echte vierstellige Zahlen im Dreiersystem besitzen als führende Ziffer eine 1 oder 2, dahinter an jeder weiteren Stelle eine 0,1 oder 2,

also gibt es 2 3 3 3 = 54 Zahlen dieser Art.

Oder man zählt folgendermaßen aus:

Von der größten vierstelligen Zahl im 3er-System 2222_3 ziehe man die größte dreistellige Zahl ab, also 222_3, und erhält 2000_3, (das sind gerade alle echten vierstelligen Zahlen), also auch $2 \cdot 3^3 = 54$ viele Zahlen..

zu Aufg. 6

Alle folgenden Aufgaben erlauben eine konkrete Modellierung an einer Stellenwerttafel (Registerspiel), wo Zahlen anfänglich als Anzahlen von Plättchen in der Einerspalte gelegt, sukzessive nach der Regel "für b (Basiszahl) Plättchen lege jeweils 1 Plättchen in die benachbarte linke Spalte" zur entsprechenden Zifferndarstellung kommen.

Bleiben bei diesem Bündelungsprozess in einer Spalte 3 Plättchen liegen, muss die Basis mindestens 4 gewesen sein.

Für b) kann man - bevor man eine quadratische Gleichung löst:

$$b^2 + 2b + 3 = 51$$

-auch den experimentellen Weg einschlagen: Einerseits muss b größer 3 sein, andererseits wegen $7^2 + 2\ 7+3 > 51$ auch kleiner 7.

zu Aufg. 7

Ist die Basis eines Stellenwertsystems eine Potenz der Basis eines zweiten Systems, so kann man die Zahlen besonders einfach in das jeweilige andere System übersetzen:

2 Beispiele:

1) Vom 3er- ins 9er-System

Seien a, b bestimmte Ziffern einer Zahl im 3er-System:

$$a\,3^{2n+1} + b\,3^{2n} = 3a\,(3^2)^n + b\,(3^2)^n = (3a + b)\,9^n$$

Wie man durch die Rechnung sieht, wird aus den beiden Ziffern a und b jeweils eine, nämlich die Ziffer 3a+b im 9er-System.

Wegen 0 d a,b d 2 ist 0 d 3 a b d 8

$$22111_3 = 2\text{\textasciitilde}21\text{\textasciitilde}11 = 274_9$$

2) Vom 8er- ins 2er-System

Ist x eine Ziffer einer Zahl im 8er-System, damit 0 d x d 7, so übersetze man x ins 2er-System.

$x = a\,2^2 + b\,2 + c$, wobei a, b, c {0,1} sind.

Damit wird aus $\quad x\,8^n = (a\,2^2 + b\,2 + c)\,2^{3n} = a\,2^{3n+2} + b\,2^{3n+1} + c\,2^{3n}$

d.h. man muss jede Ziffer ins 2er-System übertragen und daraus eine dreistellige Zahl machen, evtl. mit führenden Nullen. Alle diese dreistelligen Teilzahlen braucht man dann nur noch hintereinanderschreiben.

$$763_8 = 111\text{\textasciitilde}110\text{\textasciitilde}011 = 111110011_2$$

Vom 4er-System ins 8er-System bzw. umgekehrt geht es allerdings nur im Umweg über das 2er-System, wenn man die Verwandtschaft der Systeme ausnutzen will.

zu den Aufg. 8, 9 und 10

Hat man sich in Aufg. 8 klar gemacht, dass die Handlungen mit den Plättchen ein Verzehnfachen (durch 10 teilen), ein Verdoppeln bzw. Verelffachen bedeuten, so gelingt auch ein entsprechendes Übersetzen der Handlungen in eine arithmetische Aussage, wie es die Aufg. 9 verlangt.

In einer Stellenwerttafel zum 8er-System bedeutet das Verlagern eines Plättchens in die rechte Nachbarspalte $-8^n + 8^{n-1} = -8^{n-1}\,(8-1)$, d.h. durch das Verlagern eines Plättchens ist die Zahl um ein Vielfaches von 7 kleiner geworden. Auch wenn man das mehrmals ausführt, bleibt dies richtig, bis alle Plättchen in der Einerspalte liegen. Alle auf diese Weise entstehenden Zahlen lassen bei Division durch 7 denselben Rest. Also auch die Zahl, die aus der Anzahl der Plättchen besteht (die Quersumme der Zahl).

Dies ist übrigens eine Regel für jedes Stellenwertsystem b: Die Teilbarkeit einer Zahl durch b-1 entscheidet sich an der Teilbarkeit der Quersumme durch b-1, wenn die Zahl im System zur Basis b aufgeschrieben ist.

Für Aufg. 10 betrachte man wiederum die arithmetischen Wirkungen der vorgenommenen Handlungen:

Das Ersetzen eines Plättchens in der (n+1)-ten Spalte durch 4 Plättchen in der Einerspalte bedeutet

$$-10^n + 4 = -(10^n - 4) = -99...96,$$

d.h. es entsteht eine Minderung um ein Vielfaches von 6. Macht man dies für jedes Plättchen, das mindestens in der Zehnerspalte liegt, so hat man jedes Mal um ein Vielfaches von 6 gemindert. Könnte man dies mit allen Plättchen machen, käme man zur Zahl 4Q (Q ist ja auch die Anzahl aller Plättchen). Für die Plättchen in der Einerspalte kann man aber keine solche Verlagerung durchführen. In 4Q sind diese Plättchen viermal vertreten. Sie dürfen aber nur einfach gezählt werden. Somit kommt man zur Zahl $4Q - 3z_0$., die um ein Vielfaches von 6 kleiner ist als die Ausgangszahl, daher denselben 6er-Rest wie diese besitzt.

zu Aufg. 11

Die vorgestellten Rechenverfahren gelten in gleicher Weise für alle Stellenwertsysteme. Natürlich muss man die unterschiedlichen Additionstafeln für das „1+1" beachten. Beim 8er-System kommt die Ziffer 9 nicht vor, vielmehr ist hier $9_{10} = 11_8$. Dagegen braucht man für das 12er-System Symbole für die Werte 10 und 11, die ja hier als Ziffern gebraucht werden. Üblicherweise verwendet man A für 10 und B für 11. Insbesondere für die Subtraktion ist ein Nachspielen der entsprechenden Handlungen an der Stellenwerttafel für das eigene Verständnis sehr sinnvoll.

zu Aufg. 12

Auch für die schriftliche Multiplikation und Division verlaufen die Verfahren in derselben Weise wie im 10er-System. Ein wenig Konzentration erfordert das Anwenden des „1 1" zur Basis 5. Vielleicht hilft man sich aber auch mit einer ausgefüllten Verknüpfungstafel:

x	1	2	3	4
1	1	2	3	4
2	2	4	11	13
3	3	11	14	22
4	4	13	22	31

Für die Division besorgt man sich eine Vielfachentafel für den Divisor 24_5.

zu Aufg. 13

Die entsprechenden Dezimalbrüche zu berechnen erfordert i.a. eine Division „Zähler : Nenner". Bei speziellen Nennern sieht man jedoch, dass man die Brüche einfach erweitern kann, so dass der Nenner eine Zehnerpotenz wird.

Dies gilt für die Nenner 25 und 125. Damit wird 13/25 = 0,52 und 11/125 wird zu 0,088.

Die Periode für den Nenner 13 ist sechstellig, sie beginnt direkt hinter dem Komma, man sagt auch, die Entwicklung ist reinperiodisch. 59/140 ergibt eine zweistellige Vorperiode, an die sich dann die Periode für die 7 (als der von 2 und 5 verschiedene Primteiler in 140) anschließt. Genaueres zu diesem Thema erfährt man in der Zahlentheorie.

zu Aufg. 14

Bei endlichen Dezimalbrüchen hat man nur die Wertigkeit der Stellen nach dem Komma zu berücksichtigen.

Der Weg, zu unendlichen Dezimalbrüchen die zugehörigen Bruchzahlen zu berechnen, setzt die Existenz von Zahlen für diese Zahlzeichen voraus, um die wir uns auf dieser Stufe aber nicht kümmern werden. Das Problem wird kurz am Beispiel des Dezimalbruches $0,\overline{1}$ erläutert.

Offensichtlich steht $0,\overline{1}$ für 0,1 + 0,01 + 0,001 + ...usw. Dies kann als eine geometrische Reihe angesehen werden, die „konvergiert“ mit dem Grenzwert 1/9. Daher darf man auch so rechnen: Setze $x = 0,\overline{1}$.

$$\begin{array}{rcl} 10x & = & 1,\overline{1} \\ x & = & 0,\overline{1} \\ \hline 9x & = & 1 \\ x & = & 1/9 \end{array}$$

Dieselbe Rechnung für $0,\overline{9}$ ergibt 1. Dies kann man sich aber auch ohne Rechnung klar machen. Wäre $0,\overline{9}$ verschieden von 1 (also kleiner als 1), so könnte man durch einen Abschnitt von $0,\overline{9}$ (etwa 0,9999.....9 mit passender Stellenzahl) die Zahl 1 besser annähern. Dies ist aber ein Widerspruch.

Für den gemischt-periodischen Dezimalbruch $0,5\overline{25}$ bildet man die Differenz geeigneter Vielfache, so dass die Periode ganz wegfällt.

So erhält man 52/99.

9. Mechanisches Rechnen

Bei der Behandlung von Teilbarkeitsregeln unter Zuhilfenahme der Stellenwerttafel hat sich schon gezeigt, dass das Rechnen, ja viel allgemeiner, mathematische Ideen vielfältiger Art, durch das Bewegen von Steinchen sozusagen materiell abgebildet werden konnten. In der Tat hat es die Menschen seit jeher fasziniert, die lästige Arbeit des Rechnens so in ein materielles Operieren umzusetzen, dass eine weitgehende Entlastung durch Automatisierung möglich wurde. Die heute gebräuchlichen elektronischen Rechengeräte - Taschenrechner, Computer - folgen insoweit der gleichen Grundidee. Auch hier werden die mathematischen Operationen in bestimmter Weise materialisiert, nämlich als elektronische Schaltvorgänge.

Allerdings ist die Verschlüsselung der mathematischen Ideen in elektronischen Rechnern für den Benutzer i.a. nicht mehr direkt nachzuvollziehen, weil sie sehr versteckt, zu „vermittelt“, zu abstrakt (eine Informationseinheit „bit“ im Computer kann man nicht mehr „anfassen“) ist. Bei mechanischen Rechengeräten ist der Weg von der mathematischen Idee zur materiellen Darstellung leichter nachzuvollziehen und oft direkt sichtbar und „begreifbar“. Auch wenn also die beiden im Folgenden vorgestellten Mechanisierungen des Rechnens heute keine oder nur noch begrenzte praktische Bedeutung haben, so ist doch interessant, sich daran die grundlegende Idee der Übertragung von Rechenoperationen in mechanisch durchzuführende, z.T. automatisierbare Tätigkeiten klarzumachen.

9.1 Rechnen mit dem Soroban

Noch heute ist im Fernen Osten dieses Rechengerät in Gebrauch, und Könner im Rechnen mit dem Soroban bringen es zu erstaunlicher Schnelligkeit und Sicherheit, die - soweit es um die 4 Grundrechenarten geht - oft durchaus mit der Verwendung von Taschenrechnern konkurrieren kann. Die Grundidee des Soroban, nämlich Zahlen in Stellenwertschreibweise durch entsprechende Stellung von Kugeln darzustellen, ist vielfach verbreitet: Bereits die Römer benutzten den fast baugleichen Abakus, in Russland gibt es ein entsprechendes Gerät, den „scoty“.

Der Soroban besteht aus einem Rahmen, in den einige Reihen von Stäben eingespannt sind. Auf diesen sind jeweils 5 Kugeln unterhalb und 2 Kugeln oberhalb eines Mittelstegs verschiebbar angebracht. Jeder Stab entspricht einem Stellenwert - also einer Spalte in der Stellenwerttafel, wie sie in Kap. 8 benutzt wurde. Die unteren Kugeln zählen einfach, die oberen 5-fach (deshalb braucht man nicht 10 Kugeln auf jedem Steg - das wäre für eine flüssige Handhabung einfach zu viel!). Durch Schieben auf den in der Mitte angebrachten Steg zu, stellt man Zahlen entsprechend ihren Ziffern im Dezimalsystem dar. Es „zählen" also immer nur diejenigen Kugeln, die vom Rahmen aus in die Mitte geschoben wurden. In den folgenden Abbildungen sind der Übersichtlichkeit halber nur die jeweils in die Mitte geschobenen Kugeln gezeichnet.

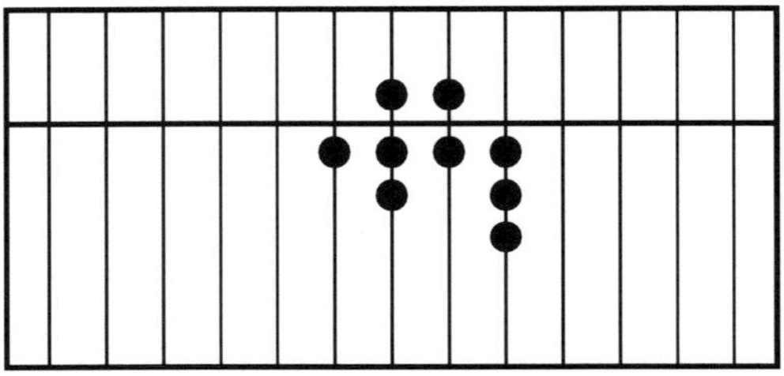

Figur 9.1

Man liest die eingestellte Zahl so ab, wie wir es von der Dezimalschreibweise gewohnt sind: Zehner links von den Einern, Hunderter links von den Zehnern usw. Wo die Einerspalte liegt, muss man sich entsprechend merken (vgl. dazu das Problem der Darstellung von Zahlen bei den Babyloniern, Kap. 3.1). In Figur 9.1 ist also 1763 dargestellt, oder eben auch 17630 oder 17,63 je nachdem, wo wo man die Einerspalte annimmt. Addieren ist nun einfach ein Hinzuschieben von Kugeln. Sind nicht mehr genug Kugeln auf einem Stab, dann schiebt man auf dem nächst höheren Stab einen Stein mit dem 10-fachen Wert hinzu („Übertrag") und berücksichtigt das durch entsprechendes Abziehen in der unteren Spalte. Beispiel: +8 wird als +10-2 gerechnet:

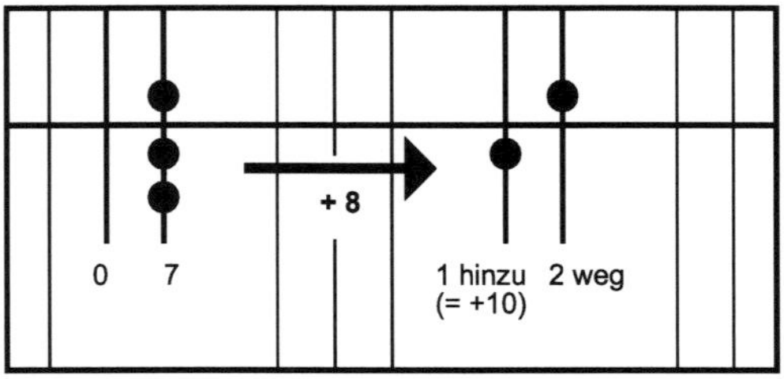

Figur 9.2

Dies ergibt eine Reihe von Schiebeoperationen, die der Benutzer des Soroban gut und flüssig beherrschen muss - eine Übungssache, wie alle Fingerfertigkeiten. Subtrahieren erfolgt analog durch Wegnehmen. Diese einfachen Additionsoperationen ermöglichen nun, relativ schnell und ohne große Merkleistungen im Kopf - gerade das nimmt einem der Soroban ja ab - auch kompliziertere Rechnungen durchzuführen.

Wir zeigen es an einem Beispiel, der Multiplikationsaufgabe $7743 \cdot 597$, deren Durchführung wir sozusagen in Zeitlupe auf dem Soroban verfolgen.

Die Leserin, der Leser sollte die einzelnen Schritte selbst mitmachen. Steht kein Soroban zur Verfügung, tut es auch ein Blatt mit Spalten für die Stäbe und Plättchen, die man dort verschiebt. Die Grundidee ist es, die komplizierte Produktbildung in viele einfache Einmaleins-Aufgaben zu zerlegen. Das Zusammensetzen der vielen Einzelmultiplikationen erleichtert der Soroban, der als laufend zu verändernder Speicher für die Zwischenergebnisse dient. Man muss dabei oft die verschiedenen am Beispiel +8 = +10-2 angedeuteten Additionsoperationen mit Überträgen anwenden. Diese werden im Folgenden nicht mehr ausdrücklich erwähnt.

Zuerst werden die beiden Zahlen auf dem Soroban eingestellt, der erste Faktor links, der zweite rechts, jeweils bündig innerhalb des Rahmens des Sorobans.

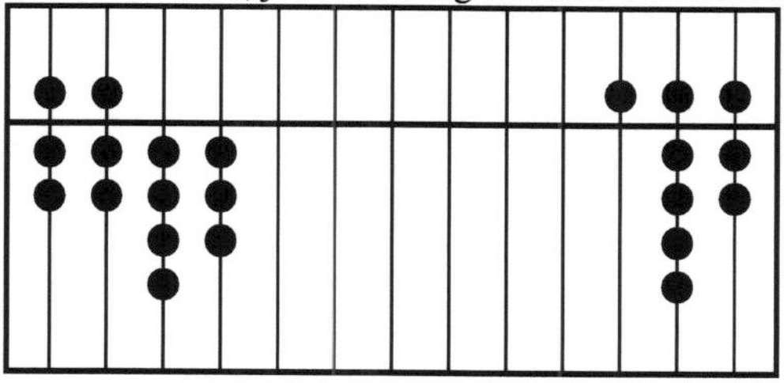

Figur 9.3

Die links stehende Zahl soll im Verlauf der Rechnung so verändert werden, dass dort das Produkt erscheint. Dazu sind 3 Stellen mehr erforderlich, als bisher belegt, denn der zweite Faktor hat 3 Stellen. Dieser 3-stellige Faktor, der rechts als Merkhilfe stehenbleibt, wird nun der Reihe nach mit den einzelnen Ziffern von 7743 multipliziert:

1. Schritt: $3 \cdot 597$

Um sich nicht bei den Stäben - also im Stellenwert - zu verzählen, und um die Ziffer 3, mit der multipliziert wird, möglichst lange als Merkhilfe sichtbar zu halten, beginnt man mit 3·9, also mit der zweiten Ziffer „von oben“ von 597. Das Ergebnis 27 muss zwei Stellen rechts neben der 3 beginnen; es handelt sich ja eigentlich um die Rechnung 3·90. Daher sieht der Soroban nun so aus:

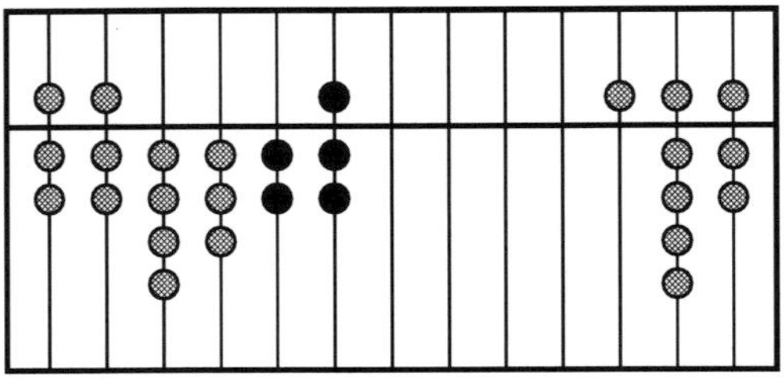

Figur 9.4

Die ursprünglich eingestellten Zahlen sind schraffiert wiedergegeben, die neu entstandenen schwarz.

Nun folgt 3 · 7 . Dieses Ergebnis muss noch eine Stelle weiter rechts angeschrieben werden; jetzt werden ja Einer mit Einern multipliziert. Das Ergebnis (21) wird gleich an entsprechender Stelle aufaddiert. Bei anderen Zahlen als 21 ist hier evtl. die oben geschilderte Übertragsmethode anzuwenden.

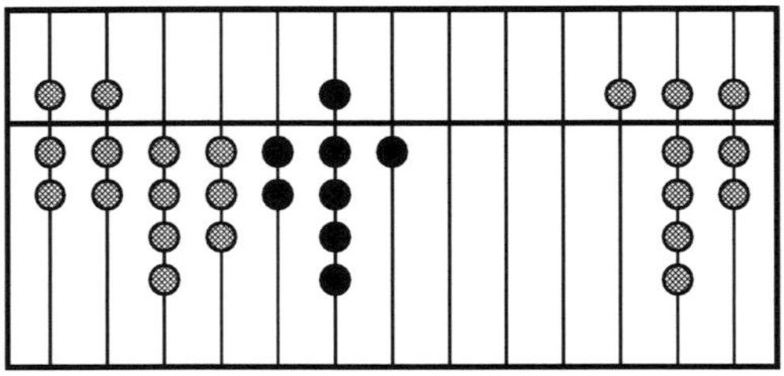

Figur 9.5

Zuletzt rechnet man 3 · 5 . Da es sich hier eigentlich um 3 · 500 handelt, darf man nun nur noch eine Stelle rechts von der 3 mit dem Hinzunehmen beginnen. Die Ziffer 3 ist dann aber voll berücksichtigt und kann gelöscht werden (hier also kein Hinzuaddieren!).

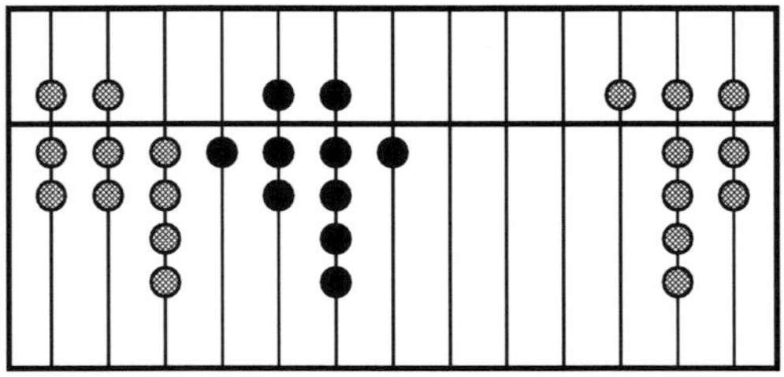

Figur 9.6

Damit ist die Ziffer 3 an der Einerstelle von 7743 vollständig berücksichtigt.

2. Schritt: $4 \cdot 597$

Nun erfolgen die gleichen Rechnungen mit der nächsten Ziffer 4 des ersten Faktors. Da es hier in Wirklichkeit ja jeweils um Rechnungen 40·... geht, ist alles einen Stab weiter links abzuwickeln. Das bisher erzielte Ergebnis ist zu berücksichtigen, d.h. die neuen Ergebnisse sind hinzuzuaddieren, evtl. Überträge zu berücksichtigen. Nach dem viermaligen Multiplizieren mit dieser Ziffer 4 zeigt der Soroban dieses Bild:

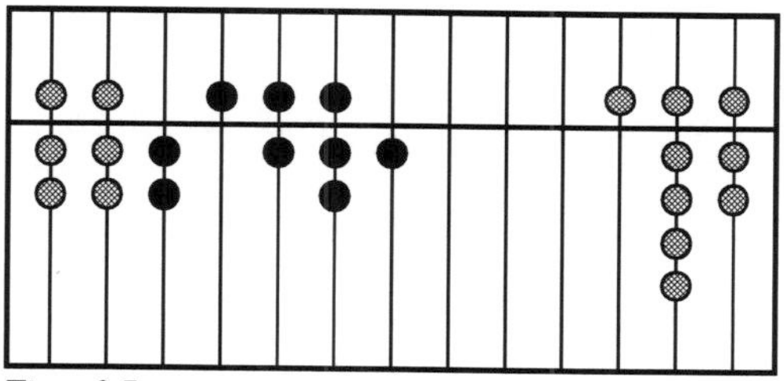

Figur 9.7

3. und weitere Schritte

Nun sind noch ebenso die Multiplikationen mit 7 durchzuführen, und zwar zweimal, jedesmal um einen Stab weiter links liegend. Schließlich steht auf dem Soroban:

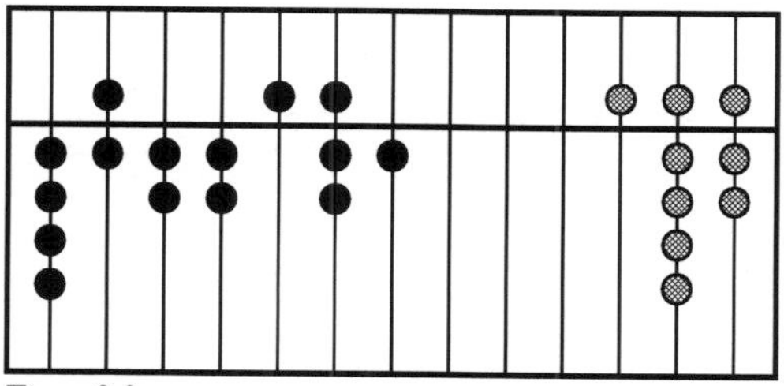

Figur 9.8

... und in der Tat, es gilt $7743 \cdot 597 = 4\,622\,571$

-R- Natürlich kommt es bei der Beobachtung dieser Multiplikation nicht auf das spezielle Ergebnis an, auch nicht auf das Lernen eines flüssigen Rechnens mit dem Soroban. Vielmehr zeigt sich bereits hier ein typischer Effekt, der immer auftritt, wenn man mathematische Operationen maschinell - sei es mechanisch, sei es elektronisch - durchführen will: Man muss bisweilen andere als die gewohnten Rechenverfahren heranziehen, um sich den durch das jeweilige Rechengerät gegebenen Bedingungen anzupassen.

Beim Soroban war es die zunächst ungewohnte Art, auf der Stelle nach der führenden Ziffer die Multiplikation zu beginnen; dies erleichterte das Finden der richtigen Stellenwert-Plätze für die errechneten Einmaleins-Zahlen. Beim elektronischen Rechnen ist ein derartiger Effekt etwa, dass man sich bemüht, solche Algorithmen für durchzuführende Aufgaben zu finden, die weitgehend mit Additionen und Verdoppelungen auskommen; denn gerade letzteres ist in den elektronischen Registern als „shift" besonders schnell auszuführen. (Vgl. dazu, allerdings im Stoff weit über das hier Besprochene hinausgehend, Ch. W. Shelin: Calculator function approximation, American Mathematical Monthly 90, 317 - 325 (1983) mit einigen besonders weit entwickelten Versionen solcher Algorithmen).

Kurzum, die Bedingungen, die die Konstruktionsmerkmale eines Rechengerätes setzen, zwingen dazu, diesen angepasste mathematische Rechenverfahren auszuwählen oder evtl. solche erst zu erfinden.

9.2 Napiersche Streifen

Die folgende Methode, Multiplikationen rasch auszuführen, geht auf den schottischen Adeligen John Napier (1550 - 1617) zurück, der jedoch wesentlich bekannter und bedeutender ist als einer der Erfinder der Logarithmen als Rechenhilfsmittel. Auch bei diesem Beispiel für Ansätze zur Mechanisierung des Rechnens lassen sich - wie beim Soroban - ähnliche Verfahren schon viel früher in Indien und bei den Arabern nachweisen, wie Tropfke berichtet (siehe Lesehinweise).

Die Napierschen Streifen (eingedeutscht auch als Nepersche Streifen bekannt) kann man sich als eine für das Rechnen besonders günstige Notation des kleinen Einmaleins vorstellen. In einem Kästchen befinden sich für jede der Ziffern 0,1,...,9 mehrere kleine längliche Holztäfelchen, die „Streifen", auf denen die zugehörige Einmaleins-Reihe folgendermaßen aufgeschrieben ist (hier nur 4 Beispiele):

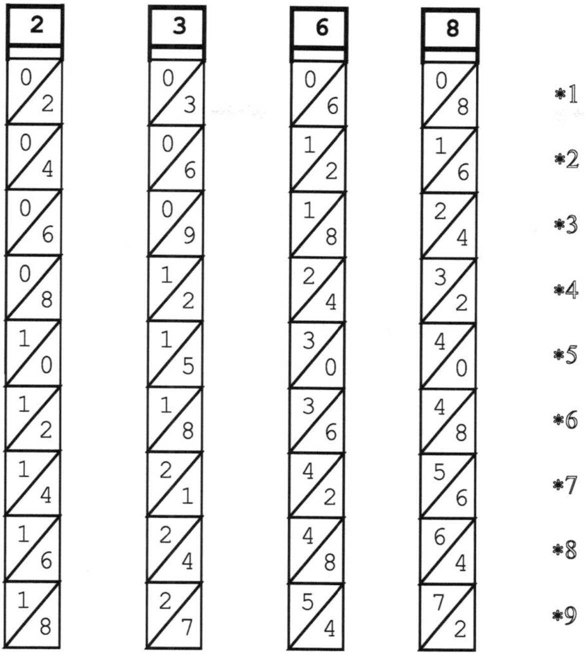

Figur 9.9

Die Streifen bestehen also jeweils aus einem Kopffeld mit der entsprechenden Ziffer und 9 Feldern, die jeweils die Zahlen der Einmaleins-Reihe zur Kopfzahl enthalten. Die Zahlen des Einmaleins sind dort schräg angeordnet geschrieben.

Will man nun eine Rechnung, wie z. B. 389 7, durchführen, dann legt man die die Zahl repräsentierenden Streifen nebeneinander auf und betrachtet - erleichtert etwa durch ein aufgelegtes „Fenster" - die in der 7. Zeile stehenden Zahlen:

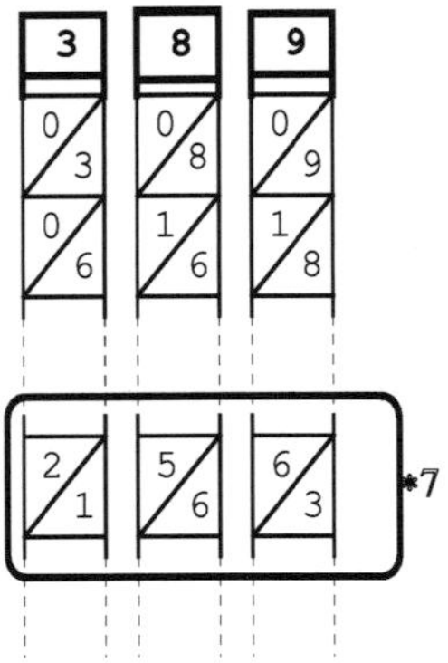

Nun lässt sich das Ergebnis nur durch einfache Additionen gewinnen. Man hat immer in den schräg aneinander stoßenden Feldern zu addieren; denn dort stehen jeweils die Zehnerziffer des vorhergehenden und die Einerziffer des jeweiligen Teilprodukts. Im Beispiel hat man also zu rechnen:

Figur 9.10

```
 2    5    6
     +1   +6   +3
----------+1-----------
 2    7    2    3
```

Es ergibt sich 2723 als Ergebnis von 389·7. Eventuell können Überträge vorkommen, nie jedoch mehr als 1, die dann in das nächste Schrägfeld zu übernehmen sind. Bei Multiplikation mit mehrstelligen Zahlen muss man die geschilderte Operation ggf. öfter und, entsprechend der Stellenwerte, „versetzt" durchführen.

9.3 Schickards Rechenmaschine

Das Rechnen mit den Neperschen Streifen kann noch weiter mechanisiert werden, und in der Tat lag dieser Ansatz dem Bau der ersten Rechenmaschine, die diesen Namen wirklich verdiente, zugrunde. Der Erfinder war der Tübinger Mathematiker und Professor für alttestamentliche Sprachen Wilhelm Schickard (1592-1635), ein Freund Johannes Keplers. Schickards Originalmaschine ist zwar verloren gegangen, doch erfolgte 1957 eine Rekonstruktion durch v. Freytag-Löringhoff, die sich jetzt im Besitz der Firma Nixdorf in Paderborn befindet. Schickards Maschine ist eine geschickte Vorrichtung, die das Heraussuchen und Zusammenlegen der jeweils passenden Neperschen Streifen überflüssig macht und außerdem durch ein Zählwerk mit Zehnerübertrag den rechnenden Menschen von dem lästigen „Eins - Gemerkt" befreit.

Es handelt sich bei Schickards Rechenmaschine um einen etwa 1 m hohen und 1 m breiten Holzkasten.

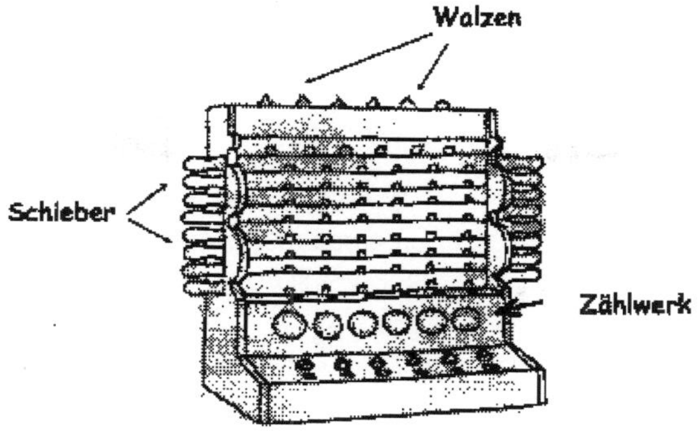

aus: R. Paland (siehe Lesehinweise)

Figur 9.11

In diesem Kasten befinden sich zunächst 6 senkrecht stehende Walzen von der Form zehneckiger Prismen. Die Walzen sind drehbar gelagert, und die Seitenflächen der Prismen sind mit den Ziffern 0,1,...,9 markiert. Unter diesen Markierungen sind jeweils die zugehörigen Neperschen Streifen angebracht. Im Prinzip sieht also eine Walze etwa so aus:

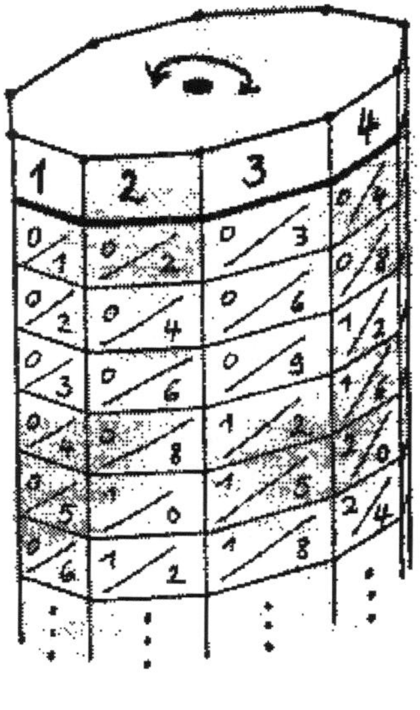

Figur 9.12

Stellt man also nun die 6 Walzen so ein, dass in der obersten Schicht eine 6-stellige Zahl abgelesen werden kann, dann hat man zugleich darunter die jeweils zugehörigen Neperschen Streifen zur Verfügung. Nun befinden sich quer zu den Walzen 8 Schieber, je einer für die Ziffern 2,3,...,9 (die Ziffern 0 und 1 als Multiplikatoren sind ja trivial im Kopf zu erledigen). Die Schieber sind genau in der Höhe der entsprechenden Vielfachen in den Neperschen Streifen angebracht. Zieht man einen der Schieber, dann öffnen sich Fenster über den Walzen, so dass genau die zur Ziffer auf dem Schieber gehörenden Einmaleins-Zahlen in der Neperschen Notation erscheinen. Bis hierher handelt es sich also nur um eine Vervollkommnung der Neperschen Methode.

Nun wird das Walzen-Schieber-System ergänzt durch ein Zählwerk, bestehend aus 6 Ziffernrädern, die nach links mittels eines Zehnerübertragsmechanismus gekoppelt sind. Dies erleichtert die Arbeit beim Multiplizieren erheblich. Die in den Neperschen Schrägzeilen im Kopf addierten Ergebnisse muss man nun einfach in die entsprechenden Räder des unteren Zählwerks eindrehen; dass gelegentlich Überträge vorkommen, muss den Rechner nicht weiter kümmern. Das Zählwerk erledigt dies automatisch. Der Vorteil des Zählwerks macht sich bei der Multiplikation mit mehrstelligen Zahlen erst voll bemerkbar, denn nun kann man ziffernweise den Multiplikator abarbeiten und muss nur darauf achten, die richtigen Räder am Zählwerk weiter zu drehen. Es würde zu weit führen, nun auch noch das Dividieren mit Schickards Maschine zu beschreiben. Es wird als eine Art Umkehrung der Multiplikation realisiert.

Lesehinweise:

Mehr zum Thema „mechanisches Rechnen“ findet man bei

Paland, R.: Die Entwicklung mechanischer Rechengeräte und -maschinen an signifikanten Beispielen. mathematica didactica 7, (1984) 111-120, 8, (1985), 45-56, 141-148, 9, (1986), 111-116.

Es erscheint vor allem bemerkenswert, dass sich Mathematiker von höchstem Rang, z.B. Pascal und Leibniz, mit der Konstruktion solcher Maschinen beschäftigten. Wie sich das Bestreben, das Rechnen durch Hilfsmittel verschiedenster Art zu unterstützen, durch die ganze Mathematikgeschichte zieht, kann man nachlesen bei

Tropfke, J.: Geschichte der Elementarmathematik. Berlin; New York: de Gruyter, 1980, (4. Aufl.)

Aufgaben zu Kapitel 9

1) Fingerrechnen

i) Einmaleins der Neun: Beide Hände mit den Innenseiten nach oben nebeneinanderhalten.

Beispiel: 4 9

Von links zählt man den 4. Finger und knickt ihn ab. Links von diesem befinden sich die Zehner (3), rechts von ihm (einschl. jeweils der zweiten Hand) die Einer (6) des Ergebnisses.

ii) Einmaleins von 5 5 bis 10 10

Beispiel: 8 6

Darstellung des 1. Faktors an der linken Hand: 3 Finger strecken (Überschuss zur 5), 2 Finger abknicken

Darstellung des 2. Faktors an der rechten Hand: 1 Finger strecken, 4 Finger abknicken

Aufgabe 8 6	
Zehner	Einer
Summe der	Produkt der
gestreckten	abgeknickten
Finger	Finger
4	2 4
48	

iii) Einmaleins von 10 10 bis 15 15

Beispiel: 13 14

linke Hand: 3 Finger strecken (Überschuss zur 10), die anderen abknicken

rechte Hand: 4 Finger strecken, ...

<table>
<tr><td colspan="2">Aufgabe 13 14</td></tr>
<tr><td>Zehner</td><td>Einer</td></tr>
<tr><td>Summe der</td><td>Produkt der</td></tr>
<tr><td>gestreckten</td><td>gestreckten</td></tr>
<tr><td>Finger</td><td>Finger</td></tr>
<tr><td>7</td><td>12</td></tr>
<tr><td colspan="2">+ 100</td></tr>
<tr><td>7 + 1 + 10</td><td>2</td></tr>
<tr><td colspan="2">182</td></tr>
</table>

Prüfen Sie diese Methode an weiteren Beispielen und geben Sie eine Begründung für die Korrektheit der Ergebnisse.

2) Nepersche Streifen

Erstellen Sie für die einzelnen Ziffern 0, 1, 2,...,9 solche Streifen und rechnen Sie zunächst Aufgaben mit einstelligem Multiplikator:

567·8, 545·8, 3476·4, ...

Wie muss man Aufgaben mit mehrstelligem Multiplikator rechnen?

Diskutieren Sie Vorgehensweisen an den Beispielen

567 85, 647 58,... 647 582

Worin besteht der Vorteil bzw. gibt es auch Nachteile mit dieser Multiplikationshilfe?

3) Eine 1x1-Tafel ist nur von 1x1 bis 5x5 vollständig ausgefüllt. Wie kann man durch einfache Additionen die restliche Tafel füllen? Welches Gesetz nützt man entscheidend aus?

Wie zeigt sich in der Tafel die Kommutativität der Multiplikation?

Gewisse Zahlen kommen häufiger vor als andere. Welche? Andere kommen gar nicht vor. Einige wenige ungerade oft?

In der 7. Reihe gehe man einen Schritt nach rechts und dann nach oben bzw. vertausche die Schrittfolge. Beschreiben Sie die Wege arithmetisch!

4) Übungen mit dem Taschenrechner

Nehmen Sie zwei verschiedene Taschenrechner (einer davon sollte ein ganz einfacher sein) und versuchen Sie folgende Fragen und Aufgaben zu klären:

- Rundet der TR oder schneidet der TR die Zahlenfolge des Ergebnisses ab? Suchen Sie einfache Aufgaben, die das verdeutlichen?

- Wie kann man auf dem TR Aufgaben mit wiederkehrenden Summanden, Faktoren, Divisionen, usw. rechnen?

- Die folgenden Terme werden in den TR eingegeben: 1+1 1, 1+1 11, 1+1 111,..

Die Ergebnisse heißen einmal 2, 12, 112,... manchmal aber auch 2, 22, 222,...

Geben Sie eine Erklärung? Wie muss man also solche Terme eingeben, wenn man richtige Ergebnisse haben will?

- Wie kann (muss) man sich helfen, um alle Stellen des Ergebnisses genau zu berechnen?

- 457829 x 648237 = ?

- [illegible] $\frac{49}{6}$ = ?

- Berechnen Sie ohne Zwischennotationen, nur mit Hilfe des internen Speichers folgende Terme:

$$\frac{0{,}4 \quad 1{,}37}{0{,}4 \quad 1{,}37} \qquad \frac{0{,}4 \quad 1{,}37}{0{,}4 \quad 1{,}37} \qquad \frac{144 \quad 3 \quad 7}{6 \quad 7^2}$$

$$\frac{1}{2} \quad \frac{2}{3} \quad \frac{3}{4} \quad \frac{4}{5} \qquad \frac{1}{2} \quad \frac{2}{3} \quad \frac{3}{4} \quad \frac{4}{5} \qquad 2 \quad \frac{1{,}4 \quad 0{,}58}{3{,}5 \quad 6{,}4}$$

- Bei einem TR, der abschneidet oder rundet:

Welche Potenz von 2 wird bei einem 8-Stellen-TR (10-St-TR) noch genau angezeigt? Welche Potenz von 0,5 wird für den Rechner erstmalig Null?

Kommentar

zu Aufg. 1

Derartige Fingerrechenmethoden sind bereits aus dem Mittelalter überliefert.

i) 6 9 = 6 (10-1) = 60-6 = 50+(10-6)

5 Finger liegen links vom abgeknickten und stellen die Zehner dar, 10-6 sind rechts vom abgeknickten und bilden die Einer.

Bei den Teilen ii) und iii) stelle man die Fingerregeln numerisch durch einen Term nach und vereinfache ihn. Eine andere Begründung findet man über das Schwellenrechnen, das in Kap. 5 angesprochen wurde. Dort wurde so gerechnet:

10	
8	2
6	4
8-4=6-2	8
4 8	

8 6

13 14

10	
13	-3
14	-4
13-(-4)=14-(-3)	12
18 2	

Aufgabe 8 6	
Zehner	Einer
Summe der	Produkt der
gestreckten	abgeknickten
Finger	Finger
4	2 4
48	

Aufgabe 13 14	
Zehner	Einer
Summe der	Produkt der
gestreckten	gestreckten
Finger	Finger
7	12
+ 100	
7 + 1 + 10	2
182	

Für die Aufgabe 8·6:

Die diagonale Differenz für die Zehnerzahl 8-(10-6) kann auch als (8+6)-10 = (8-5)+(6-5) gedeutet werden und bedeutet dann Summe der gestreckten Finger, die Einerzahl wird das Produkt der abgeknickten Finger.

Für die Aufgabe 13 14:

Die Zehnerzahl wird als diagonale Differenz gebildet, z.B. 13 - (10 - 14). Man kann sie auch formal so schreiben (13 - 10) + (14 - 10) + 10, wobei die ersten beiden Summanden die Summe der gestreckten Finger bilden, der letzte Summand die Vermehrung um 100 bedeutet. Damit sind diese beiden Fingerregeln ganz auf das Schwellenrechnen zurückgeführt.

zu Aufg. 2

Bei den Aufgaben mit einstelligem Multiplikator muss man diskutieren, wie die einzelnen Stellenwerte des Ergebnisses zusammenkommen.
Im Beispiel 567 8 sieht die Ergebniszeile zunächst so aus

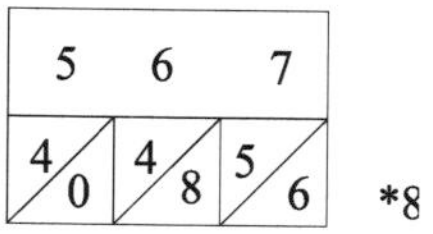

Figur 9.14

dabei ist z.B. die Ziffer 5 die Zehnerzahl von Einer Einer und die 8 die Einerzahl von Zehner Einer, also vom selben Stellenwert. Daher fallen die Ziffern wie aus Rutschen additiv zum Ergebnis zusammen.

Wie ist es nun bei mehrstelligen Multiplikatoren?

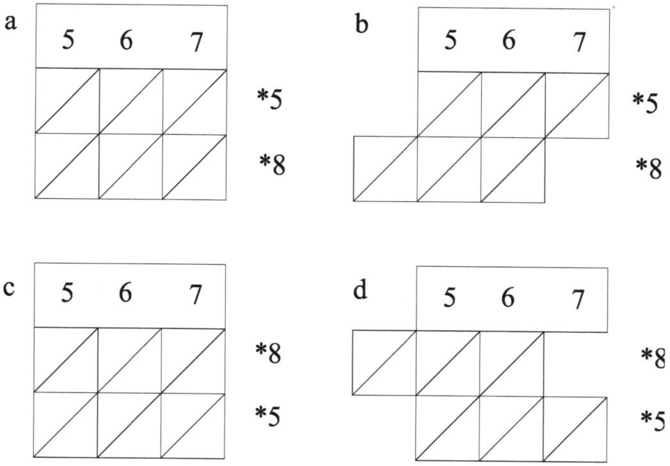

Figur 9.15

Hier hilft bei der Entscheidung nur die Diskussion, welche Stellenwerte der Teilergebnisse zusammengehören. Das erstaunliche Ergebnis: Man kann sich für die einfachste Lösung entscheiden, nämlich Typ c in Figur 9.15

zu Aufg. 3

1x1-Tafeln erlauben eine Reihe operativer Übungen, die auch der Beherrschung des 1x1 zu Gute kommen. Die entscheidende Hilfe beim Vervollständigen stellt das Distributivgesetz bereit, so dass man praktisch spaltenweise bzw. reihenweise addieren kann.

3. Spalte + 4. Spalte gibt 7. Spalte;

5. Reihe + 3. Reihe gibt 8. Reihe   usw.

Die Kommutativität der Multiplikation 8 3 = 3 8 lässt das Ergebnis 24 zweimal in der Tafel erscheinen, diagonal zueinander gelegen: 8·3= (8-5)·(3+5).
Vom Ergebnis 8 3 = 24 um 5 Felder nach oben und dann um 5 Felder nach rechts.

Was bedeutet arithmetisch ein Schritt nach oben/unten in einer Spalte oder Zeile?

Bewegen in der 1x1-Tafel entspricht gewissen Rechenoperationen, z.B.:

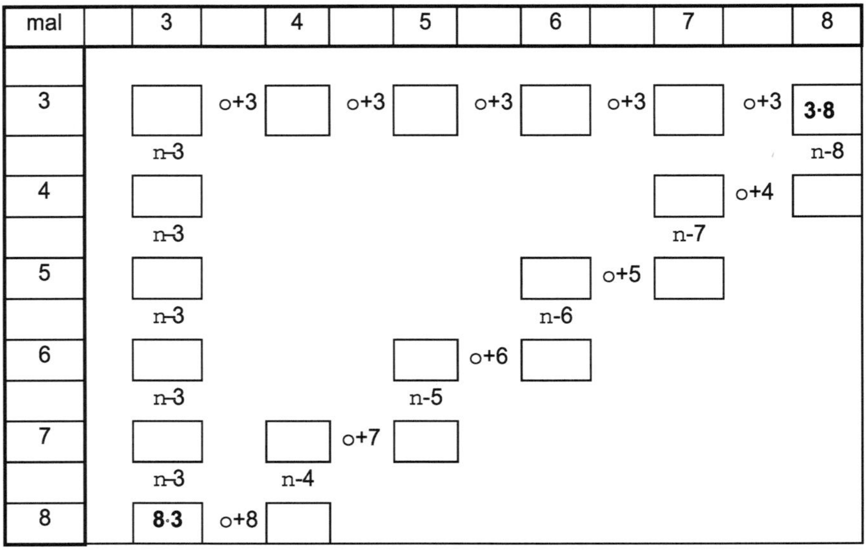

Dieser Weg 8 3 - 3 - 3 - 3 - 3 - 3 + 3 + 3 + 3 + 3 +3 = 3 8 lässt sich auch durch andere mit demselben Start und Ziel ersetzen , z.B. nach rechts, nach oben, nach rechts, ... usw.

8 3 + 8 - 4 + 7 - 5 + 6 - 6 + 5 - 7 + 4 - 8 = 3 8

Die Symmetrie der Tafel zur Diagonalen von links oben nach rechts unten hat zur Folge, dass ihre Zahlen ungerade oft als Ergebnisse vorkommen. Auf dieser Diagonalen liegen die Quadratzahlen.

zu Aufg. 4

Der Taschenrechner bildet das Rechnen und die Rechengesetze nicht vollständig getreu ab. Wie bei den in der Vorlesung besprochenen Rechengeräten werden also beim Umgang mit dem Taschenrechner von außen gewisse Bedingungen an den Benutzer gestellt, die dieser einzuhalten bzw. zu beachten hat. Die gestellten Übungsaufgaben sollen dazu dienen, diesen Bedingungen auf die Spur zu kommen. Die Aufgaben sollen also zum gezielten Experimentieren anregen.

Wer hat schon die Anleitung zum Rechner vollständig gelesen und verstanden bzw. sich so mit allen Einzelheiten vertraut gemacht, dass er die Möglichkeiten selbst eines Billigrechners voll ausschöpfen kann?

Für die Genauigkeit von Ergebnissen ist die Frage entscheidend, was der Rechner mit der letzten Dezimalstelle, die er von einer Zahl angibt, macht. Aufgaben wie $(1:3)\ 3$ bzw. $(1:6)\ 6$ geben darüber Auskunft.

Eine andere, die Handhabung sehr vereinfachende Möglichkeit beim Rechnen ist das Definieren einer Konstanten als Summand/Subtrahend bzw. Faktor/ Divisor/Dividend. Hier gibt es unterschiedliche Arten, solche Konstanten zu bilden: Eingabe in einen Konstantenspeicher, nach der Eingabe der Konstanten doppeltes Drücken auf die entsprechende Operationstaste, einmalige Eingabe einer ersten Aufgabe mit dieser Konstanten als 1. Summand und dann nur noch Drücken der Ergebnistaste, ...

Die Frage, wie man auch noch solche Ergebnisse genau ermitteln kann, deren Stellenzahl über der der Anzeige des Rechners liegt, ist zumindest theoretisch interessant. Man kann sich hier nur durch ein Zerlegen der Aufgaben helfen und ein entsprechendes Notieren von Teilergebnissen per Hand. Es bleibt zu diskutieren, wie man das möglichst günstig bewerkstelligt. Manchmal gelingt durch etwas Überlegen auch eine elegantere Lösung. Beispielsweise bei der Frage, wie viele verschiedene Tips beim Lotto "6 aus 49" möglich sind. Die Antwort $\binom{49}{6}$ liefert der Bruch

$\frac{49\ 48\ 47\ 46\ 45\ 44}{1\ 2\ 3\ 4\ 5\ 6}$. Dieser lässt sich mit einem 8-Stellen-Rechner nicht mehr in der Form "erst den Zähler bestimmen und dann durch den Nenner teilen" berechnen.

Natürlich kann man von Hand zuerst den (scheinbaren) Bruch kürzen und ihn dann ausmultiplizieren. Erinnert man sich aber an die Teilbarkeitsaussagen von Produkten aus Nachbarzahlen, so kann man sukzessiv multiplizieren und dividieren: $\frac{49 \cdot 48}{2} \frac{47}{3} \frac{46}{4} \frac{45}{5} \frac{44}{6}$

Man bleibt ganzzahlig (d.h. es entstehen keine Fehler durch Runden oder Abschneiden) und innerhalb der Kapazität eines 8-Stellen-Rechners. Das ist übrigens wieder ein Beispiel für die im Vorlesungsteil angesprochene Anpassung der Rechenwege an die äußeren Gegebenheiten des Rechengerätes.

Bei den letzten Beispielen zur Berechnung der angegebenen Terme ist ein Rechner mit Speicher besonders sinnvoll. den aber heute selbst die einfachsten Rechner besitzen. Bei den Aufgaben muss man sich klarmachen, wie der Termaufbau zu verstehen ist und wie man dem Rechner dies mitteilen kann, insbesondere wenn dieser nicht "Punkt- vor Strichrechnung" kennt.

Mit Übungen dieser Art soll deutlich werden, dass wir viel zu wenig von unserem Taschenrechner kennen und selbst die Möglichkeiten einfachster Rechner kaum ausschöpfen.

Artmann, B. und Seeger, V.: Geschichte, Geometrie und Irrationalzahlen: Drei Stunden in der Klasse 9. Der Mathematikunterricht 28(4), (1982), 20 - 29

Boyer, C.B.: A history of mathematics. Princeton University Press, 1985, (paperback).

Ebbinghaus, H.D. u.a.: Zahlen. (=Grundwissen Mathematik, Band 1). Berlin-Heidelberg-New York: Springer 1992 (3. Aufl.)

Floer, J. (Hrsg): Arithmetik für Kinder - Materialien, Spiele, Übungsformen. (=Beiträge zur Reform der Grundschule, Band 3), Frankfurt/Main: Arbeitskreis Grundschule, 1985.

Gardner, M.: Beweis algebraischer Formeln durch Betrachtung graphischer Darstellungen. Didaktik der Math. 2, (1974), 314-320.

Hering, H.: Ein Beitrag zum präformalen Beweisen.
- $a \cdot b = kgV(a,b) \cdot ggT(a,b)$ in der Orientierungsstufe.
mathematica didactica 7, (1984), 37 - 47

Ifrah, G.: Universalgeschichte der Zahlen. Frankfurt, New York: Campus-Verlag 1989

Kroll, W.: Eine einheitliche geometrische Methode zur Bestimmung der Potenzsummenformeln. Praxis der Mathematik 31, (1989), 321 - 325.

Lange, B. und Meißner, H.: Zum Lernprozess im Bereich Arithmetik. Zentralblatt Didakt. Math. 15, (1983), 92 - 101

Menniger, K.: Zahlwort und Ziffer - Eine Kulturgeschichte der Zahl. (2 Bände). Göttingen: Vandenhoek & Ruprecht 1979 (3. Aufl.).

Möller, M.: Zeichnen und Rechnen mit Zahnrädern. Praxis der Mathematik, 34 (1992), 1-4

Müller, G. N. und Wittmann, E. Ch.: Wann ist ein Beweis ein Beweis? In: P. Bender (Hrsg.): Mathematikdidaktik-Theorie und Praxis, Festschrift. Heinrich Winter. Berlin: Cornelsen-Verlag 1988, 237 - 257.

Müller, G. N. und Wittmann, E. Ch. (Hrsg): Mit Kindern rechnen. Frankfurt/Main: Arbeitskreis Grundschule, 1995

Neubrand, M.: Kettenbrüche: Beste Näherungen, transzendente Zahlen. Der Mathematikunterricht 30(5), (1984), 30 - 47

Padberg, F.: Didaktik der Bruchrechnung. Spektrum Akademischer Verlag 1995 (2. Aufl.)

Paland, R.: Die Entwicklung mechanischer Rechengeräte und -maschinen an signifikanten Beispielen. mathematica didactica 7, (1984), 111-120, 8, (1985), 45-56, 141-148, 9, (1986), 111-116.

Radatz, H. und Schipper, W.: Methodische Öffnung des Mathematikunterrichts. Der Fall der schriftlichen Subtraktion. Die Grundschulzeitschrift 102 (1997), 52 - 53.

Schmidt, S. und Weiser, W.: Zählen und Zahlverständnis von Schulanfängern. Journal für Math.-Didaktik 3, (1982), 227 - 236

Strehl, R.: Zahlbereiche . Hildesheim: Franzbecker, 1996

Tropfke, J.: Geschichte der Elementarmathematik. Berlin; New York: de Gruyter 1980 (4. Aufl.)

Winter, H.: Prämathematische Beweise der Teilbarkeitsregeln. matematica didactica 6, (1983), 177 - 187.

Winter, H.: Zur Division mit Rest, Der Mathematikunterricht 24(4), (1987), 38 - 65.

Wittmann, E. Ch. und Müller, G. N.: Handbuch produktiver Rechenübungen, Bände 1 und 2. Stuttgart; Düsseldorf: Klett Schulbuchverlag 1990 bzw. 92

Wittmann, E. Ch.: Zur schriftlichen Subtraktion. Beiträge zum Mathematikunterricht 1997, 553-556

Ziegenbalg, J.: Geometrische Veranschaulichungen im Bereich der Teilbarkeitslehre. MNU 31 (1978), 332 - 334

Zur Sache: Freigabe des Verfahrens der schriftlichen Subtraktion. Die Grundschulzeitschrift 119 (1998), 8 - 9.

Addition 5, 71f., 159

Babylonier .... 31f.
Bauernregel 39, 41, 46
Baummodell 16, 140
Baustein – Idee 132
Beweise 56

Dezimalbruch 168f., 187
-system .... 155f.
diophantisches Problem 123
Division 5, 36, 93f., 166
Dreieckszahlen 21, 49, 62

Ein- und Ausschaltformel 117
Euklidisches Lemma 126
Euklidischer Algorithmus 100f., 121

Fadengrafiken 114, 122
Fibonacci 29
Fingerrechnen 199, 202

ggT 97f., 111, 142
Golf 114

kgV 106f., 111, 142
Kubikzahlen 52

Modellbildung 7, 16, 57
Multiplikation 5, 35, 73f., 165

Napiersche Streifen 194, 200, 203
Neunerprobe 113, 121

Positionssystem 31, 35
Primzahlen 125f., 144, 148

Quadratzahlen 50, 54
Rechengesetze .... 71f.
Rekursion 22, 25f., 29
Reziprokentafel 33, 40

Schickards Rechenmaschine 196
Schwellenrechnen 85, 90
Sechseckzahlen 50, 55, 65
Sieb des Eratosthenes 129f., 144, 147
Soroban .... 189f.
Stammbruch 35, 42, 47
Stellenwertsystem 157f., 180, 183
-tafel 158, 181, 185
Subtraktion .... 5, 161f.

Taschenrechner 189, 201, 205
Teilbarkeiten .... 95f., 112, 117, 174f.
Teileranzahl 135, 139, 145, 150
-diagramme 141
-summen 145, 151
Trapezzahlen 59, 63

Vielfachentafel 34, 40

Wahrscheinlichkeiten 81
Wechselwegnahme 102
Wegemodell 16

Zahlaspekte 1f., 11
Zahlbereiche .... 77f.
Zahlbereichserweiterung 75
Zählstrategien .... 14f.

ISTRON

Schriftenreihe
Materialien für einen realitätsbezogenen Mathematikunterricht

Im Jahre 1990 hat sich in Istron Bay auf Kreta eine internationale Gruppe konstituiert mit dem Ziel, zur Verbesserung des Mathematikunterrichts beizutragen. Diese Gruppe, die sich nach dem Gründungsort genannt hat, besteht aus Mathematikern und Mathematikdidaktikern aus Europa und den USA, darunter als deutsches Mitglied Prof. Dr. Werner Blum von der Universität Kassel. Schwerpunkt der Aktivitäten soll sein, **Realitätsbezüge des Mathematikunterrichts** zu fördern. Konstitutiv ist dabei die Netzwerk-Idee: Die Verbindung von Aktivitäten und der sie tragenden Menschen auf lokaler, regionaler und internationaler Ebene (hieran soll auch das auf der Titelseite abgedruckte Logo erinnern).

Seit 1991 gibt es - als Teil dieses Netzwerks - eine deutsch-österreichische Istron-Gruppe. Sie gibt diese Schriftenreihe heraus. Ihr gehören derzeit etwa dreißig Personen an: Lehrende aus Schulen und Universitäten, Curriculumentwickler, Schulbuchautoren, Lehrerfortbilder, Zeitschriftenherausgeber. Die Gruppe hat - ganz im Sinne der Netzwerk-Idee - wechselseitige Verbindungen sowohl mit Lehrenden auf lokaler und regionaler Ebene als auch mit der internationalen Istron-Gruppe. Zu den Aktivitäten der Gruppe gehören (neben dieser Schriftenreihe) die Dokumentation und Entwicklung von schulgeeigneten Materialien zum realitätsorientierten Lehren und Lernen von Mathematik sowie alle Arten von Anstrengungen, solche Materialien in die Schulpraxis einzubringen - durch Lehreraus- und -fortbildung, über Schulbücher und Lehrpläne sowie natürlich vor allem durch direkte Arbeit vor Ort mit Lernenden.

Bisher sind acht Bände erschienen (Bände 0 bis 7).

Ausführliche Informationen finden Sie unter

www.franzbecker.de

div

Verlag Franzbecker KG
Postfach 100 420
31104 Hildesheim
Tel. 05121/877 955 - Fax. 05121/877 954